互联网口述历史
第1辑
英雄创世记

01

为人类创造更好的生活

鲍勃·卡恩

Bob Kahn

主编

方兴东

中信出版集团 | 北京

图书在版编目（CIP）数据

鲍勃·卡恩：为人类创造更好的生活 / 方兴东主编
. -- 北京：中信出版社, 2021.4
（互联网口述历史. 第1辑, 英雄创世记）
ISBN 978-7-5217-1313-8

Ⅰ. ①鲍… Ⅱ. ①方… Ⅲ. ①互联网络－普及读物②
鲍勃·卡恩－访问记 Ⅳ. ①TP393.4-49②K837.126.16

中国版本图书馆CIP数据核字（2019）第294727号

鲍勃·卡恩：为人类创造更好的生活
（互联网口述历史第1辑·英雄创世记）

主　　编：方兴东
出版发行：中信出版集团股份有限公司
（北京市朝阳区惠新东街甲4号富盛大厦2座　邮编　100029）
承 印 者：北京诚信伟业印刷有限公司

开　　本：787mm × 1092mm　1/32　　印　　张：6.5　　字　　数：110千字
版　　次：2021年4月第1版　　印　　次：2021年4月第1次印刷
书　　号：ISBN 978-7-5217-1313-8
定　　价：256.00元（全8册）

I wish you all the
best on your
oral history project
and am glad to
be a part of it.

希望你们的“互联网口述历史”项目一切顺利。十分开心可以参与其中。

鲍勃·卡恩

鲍勃·卡恩接受“互联网口述历史”项目组采访

互联网口述历史团队

学　术　支　持：浙江大学传媒与国际文化学院
学术委员会主席：曼纽尔·卡斯特（Manuel Castells）
主　　　　　编：方兴东
编　　　　　委：倪光南　熊澄宇　田　涛　王重鸣
　　　　　　　　吴　飞　徐忠良

访　谈　策　划：方兴东
主　要　访　谈：方兴东　钟　布
战　略　合　作：高忆宁　马　杰　任喜霞
整　理　编　辑：李宇泽　彭筱军　朱晓旋　吴雪琴
　　　　　　　　于金琳
访　　谈　　组：范媛媛　杜运洪
研　究　支　持：钟祥铭　严　峰　钱　竑
技　术　支　持：胡炳妍　唐启胤
传　播　支　持：李　可　张雅琪

牵　头　执　行：

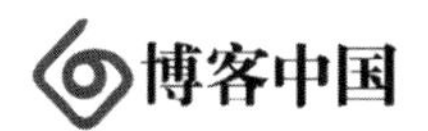

学术支持单位：

浙江傳媒學院
COMMUNICATION
UNIVERSITY
OF ZHEJIANG

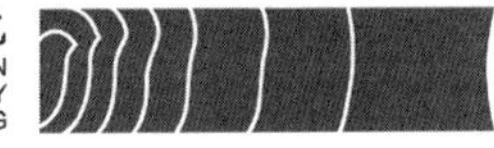

浙江大学社会治理研究院

互联网与社会研究院

特　别　致　谢：

本项目为2018年度国家社科基金重大项目“全球互联网50年发展历程、规律和趋势的口述史研究”（项目编号：18ZDA319）的阶段性成果。

目　录

总序　人类数字文明缔造者群像

方兴东

“互联网口述历史”项目发起人

新冠疫情下，数字时代加速到来。要真正迎接数字文明，我们既要站在世界看互联网，更要观往知来。1994年，中国正式接入互联网，至那一年，互联网已经整整发展了25年。也就是说，我们中国缺席了互联网50年的前半程。这也是“互联网口述历史”项目的重要触动点之一。

“互联网口述历史”项目从2007年正式启动以来，到2019年互联网诞生50周年之际，完成了访谈全球500位互联网先驱和关键人物的第一阶段目标，覆盖了50多个国家和地区，基本上涵盖了互联网的全球面貌。2020年，我们开始进入第二阶段，除了继续访谈，扩大至更多的国家和地区，我们更多的精力将集中在访谈成果的陆续整理上，图书出版就是其中的成果之一。

通过口述历史，我们可以清晰地感受到：互联网是冷战的产物，是时代的产物，是技术的产物，是美国上升期的产物，更是人类进步的必然。但是，通过对世界各国互联网先驱的访谈，我们可以明确地说，互联网并不是美国给各国的礼物。每一个国家都有自己的互联网英雄，都有自己的互联网故事，都是自己内在的需要和各方力量共同推动了本国互联网的诞生和发展。因为，互联网真正的驱动力，来自人类互联的本性。人类渴望互联，信息渴望互联，机器渴望互联，技术渴望互联，互联驱动一切。而 50 年来，几乎所有的互联网先驱，其内在的驱动力都是期望通过自己的努力，促进互联，改变世界，让人类更美好。这就是互联网真正的初心！

互联网是全球学术共同体的产物，无论过去、现在还是将来，都是科学世界集体智慧的成果。50 余年来，各国诸多不为名利、持续研究创新的互联网先驱，秉承人类共同的科学精神，也就是自由、平等、开放、共享、创新等核心价值观，推动着互联网不断发展。科学精神既是网络文化的根基，也是互联网发展的根基，更是数字时代价值观的基石。而我们日常所见的商业部分，只是互联网浮出水面的冰山一角。互联网 50 年的成功是技术创新、商业创新和制度创新三者良性协调联动的结果。

可以说，由于科学精神的庇护和保驾，互联网 50 年发展顺风顺水。互联网的成功，既是科学和技术的必然，也是政治和制度的偶然。互联网非常幸运，冷战催生了互联网，而互联网的爆发又恰逢冷战的结束。过去 50 年，人类度过了全球化最好的年代。但是，随着以美国政府为代表的政治力量的强势干预，以互联网超级平台为代表的商业力量开始富可敌国、势可敌国，我们访谈过的几乎所有互联网先驱，都认为今天互联网巨头的很多作为，已经背离互联网的初心。他们对互联网的现状和未来深表担忧。在政治和商业强势力量的主导下，缔造互联网的科学精神会不会继续被边缘化？如果失去了科学精神这个最根本的守护神，下一个 50 年互联网还能不能延续过去的好运气，整个人类的发展还能不能继续保持好运气？这无疑是对每一个国家、每一个人的拷问！

中国是互联网的后来者，并且逐渐后来居上。但中国在发展好和利用好互联网之外，能为世界互联网做什么贡献？尤其是作为全球最重要的公共物品，除了重商主义主导的商业成功，中国能为全球互联网做出什么独特的贡献？也就是说，中国能为全球互联网提供什么样的公共物品？这一问题，既是回答世界对我们的期望，也是我们自己对自己的拷问。“互联网口述历史”项目之所以能够得到全世界各界的大力支持，并产生世界范围的影响，极重要的原因之一就是这个项目首先是一个真正的公共物品，能够激发全球互联网共同的兴趣、共同的思考，对每一个国家都有意义和价值。通过挖掘和整理互联网历史上最关键人物的历史、事迹和思想，为全球互联网的发展贡献微薄之力，是我们这个项目最根本的宗旨，也是我们渴望达到的目标。

前　言

如果人生以百年计，那么美国计算机科学家鲍勃·卡恩（Bob Kahn）的前半生就是在创建阿帕网[①]——互联网前身，后半生则致力于网络治理。

1969 年，刚过而立之年的卡恩参加了阿帕网 IMP（接口信息处理机）项目，负责最重要的系统设计。IMP 就是今天网络最关键的设备——路由器的前身。1970 年，卡恩

① 阿帕网（ARPAnet），20 世纪 80 年代的美国网络不叫互联网，而叫阿帕网。所谓“阿帕”（ARPA），是美国高级研究计划局（Advanced Research Project Agency）的简称。其核心机构之一信息处理技术办公室（IPTO）一直在关注电脑图形、网络通信、超级计算机等研究课题。阿帕网是美国高级研究计划局开发的世界上第一个运营的包交换网络，它是全球互联网的始祖。

设计出第一个 NCP[①]，即网络通信最初的标准。1972 年他加入美国高级研究计划局。1973 年，卡恩与温顿 · 瑟夫[②]一起合作提出了 TCP/IP[③]。1983 年 1 月，所有连入阿帕网的主机实现了从 NCP 向 TCP/IP 的转换。如今，TCP/IP 已成为现代互联网的通信基础。

2001 年，鲍勃 · 卡恩因其对互联网的杰出贡献，与其

---

① NCP，全称为 Network Control Protocol，即网络控制协议，它管理对 NetWare 服务器资源的访问。NCP 向 NetWare 文件共享协议发送过程调用消息，处理 NetWare 文件和打印资源请求。NCP 是用于 NetWare 服务器和客户机之间传输信息的主要协议。

② 温顿 · 瑟夫（Vinton G. Cerf），又译文顿 · 瑟夫，是公认的"互联网之父"之一，谷歌副总裁兼首席互联网专家。互联网基础协议 TCP/IP 和互联网架构的联合设计者之一，互联网奠基人之一。2012 年入选国际互联网名人堂。

③ TCP/IP，全称为 Transmission Control Protocol / Internet Protocol，即传输控制协议 / 互联网络协议，是互联网最基本的协议，由网络层的 IP 和传输层的 TCP 组成。TCP/IP 定义了电子设备如何连入互联网，以及数据如何在它们之间传输的标准。

他三位科学家——拉里·罗伯茨[①]、伦纳德·克兰罗克[②]、温顿·瑟夫一起获得美国工程院德雷珀奖，被并称为“互联网之父”，可谓功成名就。

然而，见证了整个互联网发展过程的鲍勃·卡恩并没有止步于此。作为一名富有冒险精神的科学家，他的动力并不是要创造出互联网，而是想着开发出能给人类带来巨大变化的新事物，让互联网为人们提供更多、更好、更安全的服务。于是，鲍勃·卡恩人生的下半场开始了。

1986年，年近半百的鲍勃·卡恩创立美国国家研究创新机构（CNRI）并任主席。该机构是一家非营利性组织，为美国信息基础设施研究和发展提供指导和资金支持，同

---

① 拉里·罗伯茨（Larry Roberts），1937年6月出生，美国工程院院士，互联网前身阿帕网的总设计师，是公认的“互联网之父”之一。2012年入选国际互联网名人堂。于2018年12月逝世。

② 伦纳德·克兰罗克（Leonard Kleinrock），1934年出生，美国工程师和计算机科学家，加州大学洛杉矶分校工程与应用科学计算机科学教授。列队理论早期研究者之一，奠定了分组交换基础，也是公认的“互联网之父”之一。2012年入选国际互联网名人堂。

时也执行国际互联网工程任务组[①]的秘书处职能。

互联网最初只是一个科研项目，如今全球有如此数量庞大的网民，互联网改变了所有行业的运作方式，这在当时都是不可想象的。因此，虽然互联网的发展值得肯定，但是互联网这一单一的信息系统已经无法满足目前人们的需求。2014年，已逾古稀的鲍勃·卡恩创办DONA基金会并任主席，这家总部位于瑞士日内瓦的基金会同样也是非营利性组织，致力于推动数字对象体系架构（Digital Objects Architecture，缩写为DOA）的应用，并负责全球Handle系统（全球处理注册表）的运营与管理。鲍勃·卡恩认为人们需要建立一个国际通用的万物互联的准则，并推动数字对象体系架构的应用，"这一技术可以让科研人员更好地管理信息，以更长的时间轴来管理数据，甚至以几十年为单位。目前已经在科研领域实现，未来会应用得更加广泛……整个世界的技术可获得性不断提高，我们要持续提高数据的安全性"。鲍勃·卡恩说，我们支持数字对象体系架构在世

① 国际互联网工程任务组（The Internet Engineering Task Force，缩写为IETF），成立于1985年底，是全球互联网最具权威的技术化组织，主要任务是负责互联网技术规范的研发和制定，当前的国际互联网技术标准出自IETF。

界的发展，中国发挥着领先作用。如果我们能够开展这种合作并建立起全球协调的信息系统，将创造出新一代的创造性架构，为所有人创造更好的生活。

开放、平等、自由、创新……从年逾 80 依旧为人类更美好的生活而奋斗不止的鲍勃·卡恩身上，我们再次看到了真正的互联网精神在闪闪发光。怀揣着让人类生活更美好的理想，他不仅参与创建了互联网，而且投身于网络治理的大业中，让自己的理想不断向更美好绽放。

致敬互联网 50 年，致敬所有的互联网先驱！

方兴东、Patrice Ann Lyons（鲍勃·卡恩夫人）和鲍勃·卡恩三人合影

人物生平

罗伯特·埃利奥特·卡恩（Robert Elliot Kahn），也被称为鲍勃·卡恩，美国计算机科学家。

1938年出生于布鲁克林，在纽约城市学院获电气工程专业学士学位，其后在普林斯顿大学获得硕士学位和博士学位，之后被麻省理工学院聘为助理教授。

鲍勃·卡恩是TCP/IP的共同开发者之一，负责发起美国国防部高级研究计划局[①]的互联网项目。卡恩作为“互联网之父”之一，在国际计算机通信会议上展示装了阿帕网的 20 多台计算机相互连接。直到那时，人们才意识到分组交换技术的重要性。

卡恩博士构思了开放架构网络的想法，并在 20 世纪 80 年代中期创造了“国家信息基础设施”[②]一词，该词后来被进一步广泛地称为“信息高速公路”。

1970 年，卡恩设计出第一个 NCP，即网络通信最初的标准。1973 年，卡恩与温顿 · 瑟夫一起合作提出了 TCP/IP，1983 年 1 月，所有连入阿帕网的主机实现了从 NCP 向 TCP/IP 的转换。如今，该协议已经成为现代互联网的通信基础。

---

① 美国国防部高级研究计划局（Defense Advanced Research Projects Agency，缩写为 DARPA），是美国国防部下属的一个行政机构，负责研发用于军事用途的高新科技。成立于 1958 年，当时的名称是美国高级研究计划局（Advanced Research Projects Agency，缩写为 ARPA），1972 年 3 月改名为 DARPA，但在 1993 年 2 月改回原名 ARPA，至 1996 年 3 月再次改名为 DARPA。

② 国际信息基础设施（National Information Infrastructure，缩写为 NII），在 1993 年 9 月 15 日美国政府发布的《国家信息基础设施行动动议》（The National Information Infrastructure : Agenda for Action）这一文件中正式出现。与此同时，还出现了 NII 的同义词——信息高速公路，并在全世界掀起了讨论“信息高速公路”的滚滚热潮。

1986 年，鲍勃 · 卡恩亲自领导创建了美国国家研究创新机构这一非营利性组织并担任主席，该机构为美国信息基础设施研究和发展提供指导和资金支持，同时也执行国际互联网工程任务组的秘书处职能。

1997 年，卡恩由于其对互联网发展的巨大贡献，被克林顿总统授予美国最高科技奖项美国国家技术奖。

2004 年，因在互联网领域先驱性的贡献，其中包括互联网基础通信协议的设计与实现、TCP/IP 和网络领域的权威性的领导地位，获得图灵奖。

2014 年鲍勃 · 卡恩创办 DONA 基金会并任主席，DONA 基金会是一个总部位于瑞士日内瓦的非营利性组织，致力于推动数字对象体系架构的应用，并负责全球 Handle 系统的运营与管理。

鲍勃 · 卡恩现为美国工程院院士、美国电气与电子工程师协会院士、美国人工智能协会院士、美国计算机协会院士以及美国总统前科技顾问。

第一次访谈

访谈者：方兴东、钟布
访谈地点：华盛顿特区
访谈时间：2017年8月25日、26日

访谈者： 您好！首先我想介绍一下我们的项目。“互联网口述历史”项目实际上是由我的一位中国朋友方兴东博士开创的，他应该算是互联网先驱之一。他将 Blog 2.0（博客）引进中国，他也很年轻，是互联网领域的成功人士之一。

方兴东博士实际上早在 2007 年就开始了“互联网口述历史”这个项目，并采访了大约 200 名从事互联网行业的中国人，内容包括互联网是如何传到中国的等。所以当两年前我开始加入的时候，我说让我们把这个访谈做成国际性的吧。互联网真的没有任何边界，我们先从亚洲开始，进行的情况比较好，我们再去走访各个国家的互联网先驱和创始元勋。所以，我们开始制订计划，打算采访 500 人，包括欧洲、非洲、中东等地，接下来我们马上就要去以色列采访了。

鲍勃·卡恩： 谁在资助这个项目？

访谈者：现在的资金主要来自方博士的互联网实验室[①]，他个人出资。我们没有任何其他资金来源。实际上我的工作没有工资。我从宾州州立大学租车开到这里。我希望看到这背后的价值。

鲍勃 · 卡恩：那采访结束后，你们整理出来的文档会怎么处理？

访谈者：我们希望最终就我们的采访内容做些纪录片。我们还会将所做的所有东西，在旧金山互联网档案馆存档。我们和他们已经开始合作，他们已经把那边所有的链接都发给我们了，但是我们想确保所有的东西都能被清晰地记录下来，确保在上传之前，没有什么让人感到困惑的地方。这是一方面。另外，这些也是开源的，计算机历史博物馆也很感兴趣，要存档这些东西。当然还有互联网实验室自

---

① 互联网实验室（chinalabs.com），由方兴东、王俊秀创立于 1999 年 8 月，是中国第一家具有全球视野和全球影响力的互联网智库和创业孵化器，全程见证并参与了中国互联网的发展和繁荣。20 多年来，互联网实验室立足于中国互联网和高科技领域，以富有前瞻性和洞察力的研究为核心，形成了由研究、咨询、活动、数据及孵化等构成的业务体系，服务经验丰富，行业影响力独具。

己的网站，会放在那上面。所以，其实我在想，就此在宾州新建一个研究中心，用来介绍互联网前50年的发展历史，更为重要的是，我们希望弄清楚互联网历史的前50年，这对后来人而言是多么具有启发性。所以今天，我真的特别想了解您的全部故事，而不是只了解一些片段。您知道，在这方面我也做了一些调研工作，比如您就读纽约城市学院[①]之后的很多事情。但还有很多是我们不知道的，我们希望去了解，也希望像您这样的互联网先驱，能在镜头前告诉我们很多不为人知的故事，这样日后才会有人对这一段历史感兴趣。我们会看到这一天到来的。

鲍勃·卡恩：我来问你几个根本性的问题。想象一下，如果你和成百上千的人交谈，那么你对互联网就会有成百上千种的不同看法，对吗？

访谈者：没错。

鲍勃·卡恩：如今，有人会认为互联网是一个已经实

---

① 纽约城市学院（The City College of New York，缩写为 CCNY），始建于1847年，是纽约市立大学系统中的一所四年制学院，是纽约市立大学系统的创始学校，也是历史最悠久的分校。

现的概念；而有些人会认为互联网是一种指定如何编码的架构；有些人会认为它是一种特定的网络，后来得到扩展，从而形成了互联网；有些人认为它是很多种协议。有那么多不同的观点，那你们如何向以后回顾这些的人们去阐明互联网到底是什么？

访谈者：没错。其实这和科学是一样的，每个人对科学到底是什么都有不同的理解，但是每个人都对科学发展有所贡献。人们这边测试一下，那边测试一下，然后就认识到了重力的存在。这样人们就明白了，原来这是一种力。同样，这 500 个人中的每一个人，对互联网意味着什么及其重要性，都会有不同的看法。我们想做的，就是记录下来，展示给全世界，尤其是向后来人，让他们知道互联网是如何发展起来的。人们可以从不同的人那里去了解。虽然有些人说的可能会比其他人更有见地，不过我觉得，所有这些都能帮助人们了解这件事。

鲍勃 · 卡恩：说到这儿，我不知道有多少人会声称自己是“互联网之父”，但是很可能会有 5 到 100 位声明自己或多或少都算发明了互联网。我不知道有多少人会说他们是“互联网之父”，我甚至不确定这个称谓是不是真正可行，因为我更想知道他们实际做了什么贡献，而不是他们给自己贴了什么标签。那么，你们将如何在这种情况下解决这个问题呢?

访谈者：我们不打算对这些信息做筛选，我们想让后来人自己去看。是这样，比如说有些人的观点是这样，说自己创立了这个，创立了那个，不过大家会想，实际情况是不是和说的一样呢？我相信大家会有自己的判断，当大家有了平台，就会有很多例子，所有的信息都在那儿，大家可以自己弄明白。其实，我想说的是，哥伦比亚大学已经有一个口述历史中心。北卡罗来纳大学也有口述历史中心。所以，所有这些历史资料，会汇集到一起，这是一种通常意义上的记述历史的想法。我们是这么认为的。

鲍勃·卡恩：好，我来问你最后一个问题，然后接下来再按照你的节奏继续。就是当你做访谈的时候，呃，其实我想问的有两点。第一点是当你去访谈的时候，他们大多数人不一定和我们今天所说的互联网的发展有什么直接关系，甚至可能有些人与之基本没什么关联。比如说 Web[①] 和互联网之间的区别，脸书和 Web 之间的区别，或者脸书和

---

① Web，World Wide Web 的缩写，即全球广域网，亦作 WWW、W3，也称为万维网、环球网等，常称为 Web。

互联网的区别，中间会有很多分歧和误解。我的意思是说，由于人们最终使用这些应用程序的体验，这些东西似乎都融合在一起了。当然，互联网更多是一种基础设施，就如同我们使用的电气基础设施，比如收音机，比如房子的取暖设备、炉子，还有风扇、照明设备，等等。那么你们要如何去阐明？如果要区分的话，对于后来人，哪些是真正的互联网？哪些不过是人们对互联网的观念和看法？还是说你们打算把这个问题留给别人，让他们自己去解决？

访谈者：我们要认识到，对一些问题是存在误解的，比如说什么是网站，什么是应用程序，互联网到底是什么，等等。我觉得目前我听过的最恰当的说法，是泰德 · 纳尔逊（Ted Nelson）[①] 所做的比喻，他将万维网比作大海，万维网上的网站就是大海中的船只。我觉得他说的很有道理。您也有类似的担心，人们对一些术语的含义和对自己所做的事情存在很多误解，我觉得您说的关于年轻人的方面，非常对，可以说大多数年轻人都觉得这些东西是一回事，

① 泰德 · 纳尔逊（Ted Nelson），1937 年出生于纽约，美国人，“超文本（HTTP）之父”。

觉得万维网、网站、应用程序和互联网是一回事。他们不会像您这样，作为这个领域的专家来对这些东西做太多的区分。我觉得，互联网有了这么大的发展，我们开始意识到，应该有一种可以称为“辨识能力”的新知识，我们可以称之为“网上辨识能力”，或者叫“互联网素养”。就像对媒体，人们对媒体应该了解哪些方面的东西，媒体的作用是如何影响社会民主的，人们使用信息的方式可能会发生怎样的变化……以前人们觉得虚假新闻、误传误报这些东西很好玩，很可笑，但有些人会利用这种信息来左右别人的想法，甚至操控其政治意图。我自己是做这方面研究的。我想或许有一天，新闻业会有一种大的觉醒，涉及所有的信息。这在宗教方面已经有所体现，宗教已经经历了大觉醒，还有公民权利的大觉醒。以前，有些人会觉得自己相信某种宗教，那自己就比别人更好，现在看来这是完全错误的。后来，人们觉得女人也应该有投票权，黑人也应该投票，这种事情还有很多。这是一种社会的进步。我觉得关于信息和“辨识能力”，一定会有大觉醒的，人们最终会了解：哦，原来是这样。

鲍勃·卡恩：不过，既然大家还在设法弄清楚互联网到底是什么，我更倾向于采用一种比较全面的观点，是这样的，其实在20多年前，有一种关于互联网的定义，大家可以在互联网上找到，现在仍然在使用。我记得这一定义是由美国联邦网络委员会（Federal Networking Council，缩写为 FNC）给出的，比较全面地从整体上定义了互联网，这一定义的意思是说，互联网是一种基于利用 IP 地址的全球信息系统，其上还有一些协议比如 TCP/IP，还有就是允许基于 IP 地址使用其他类型的协议，包括所有的应用程序，但并没有指出哪种具体协议或应用程序。从赋能的角度来看，如果把互联网比作世界经济的话，我们不会说银行业是互联网，不会说餐饮服务是互联网，就像我们不会说海上的某艘具体的船，比如“玛丽女王号”，从 A 点航行到 B 点，不会说它是海洋运输系统。它不过是一个个例，是海洋运输系统的组成部分。其实从概念上讲，“海洋使运输成为可能”这一点，和人们对于“互联网运输系统”的理解是一个类型的。所以说，基础设施的定义所定义的，不仅仅只有应用程序，更为全面的定义应该包括所有人们已经开发了的应用程序。我不知道这么说你能不能理解。

访谈者：您说得很有见地。我很喜欢您的看法。

鲍勃 · 卡恩：我想提一下这些定义。嗯，拉里，你已经见过他了，他在这方面贡献很大，也得到了社会上很大部分人的认同。其实，这也是全球范围内人们就互联网的定义进行角力的一种体现，甚至在某些圈子中，人们倾向于基于这些定义来制定法律。所以说互联网是一种全球信息系统，我认为是这样的。有些人认为互联网只是一种电信系统，与信息无关。制定法律法规取决于如何定义这些东西，这一点你可能非常了解。

访谈者：是的。所以我想说的是，所有这些事情，人们现在所关注的一些新问题，比如网络安全、政策的制定，不同的国家有不同的方式方法，如何去审查，如何去治理，所有这些事情，等等。

鲍勃·卡恩：我认为这些都不是主要问题，与互联网的实际技术发展无关。互联网的主要问题涉及两方面：一是实际的工程方面，即构成互联网的技术的发展；另一方面是随着时间的推移可以逐步演进的机制，因为现在互联网诞生已经有 40 多年了，互联网的运作方式在概念上仍然和最初制定的方式差不多，但细节上已经完全不同了。在我看来，问题在于要确保所有的组件之间都可以进行相互操作，不管是网络、计算机还是应用程序。大家知道，这些组件的规模，在互联网的发展过程中已经扩大了至少 100 万倍，甚至有 1000 万倍。现在的通信带宽和以前相比，提高了 100 多万倍，我们早期使用的计算机、大型主机或分时系统，它们所占用的空间大小和我们现在坐的房间一样大，还设有空调。如今一只数字手表的计算能力可能比那些机器的计算能力还要强，但不管怎样，它们已经出现了。随着时间的推移，计算能力提高了 100 多万倍，用同样多的钱，现在可以买到 100 多万倍的存储容量。网络底层技术取得了长足的进步，但是那些协议基本上还保持不变，继续运行。在科技史上，这是相当惊人的。

可以看看其他方面的技术，看一下其规模有多大的变化。与汽车最初被发明时相比，现在汽车的速度可以开到多快？现在飞机的速度与它最初被发明时的速度相比快了多少？甚至在电信行业，这些年它的规模增长，与计算机行业的规模增长是一致的。计算机的体系结构已经全部改变了，或者说今天和以前相比，已经完全变样了。虽然说，假如从更深的层次上去看，计算机体系结构并没有改变那么多。现在有上亿个逻辑门，或许刚开始的时候数量不多，也许会从约翰 · 冯 · 诺依曼[①]体系结构发展到分布式多处理

---

① 约翰 · 冯 · 诺依曼（John von Neumann），1903 年 12 月 28 出生于匈牙利，数学家、物理学家、计算机设计先驱，提出了至今仍在使用的计算机系统结构，所著《量子力学的数学基础》（*The Mathematical Foundations of Quantum Mechanics*）对图灵产生了很大影响。于 1957 年 2 月 8 日逝世。

单元，也许还会发展到量子体系结构。这些东西会改变，虽然速度会不断提高，但经过了这么长的时间，互联网大体上没有变，这是一个很有意思的现象，我认为这是因为互联网的定义是独立于其所涉及的底层技术的。这对将来的所有发明都是一种挑战，包括那些人们现在正在研究的与信息管理有关的发明，最明显的原因在于：如果将其与当时的技术联系起来，一旦那种技术过时了，这些付出努力的发明就会随之变得过时。所以，需要让其以某种方式独立于其他所有东西。我认为这种挑战非常有意思。

访谈者：是的，没错。温顿·瑟夫曾分享过其中一些观点，他说如果没有某些应用程序，我们就不会获取某些种类的信息，很多东西不容易归档，就像当今网站上的东西，或许 10 年以后，若干年后，这些网站已经不存在了。

鲍勃·卡恩：这是过去 30 年我们一直在努力解决的一个问题。我觉得对于某些事情的发展来说，这是最基本的。因为人们永远不会只为基础设施而需要基础设施。比如有人说，我们这里有种全新的供电技术，能提供十亿伏的电压，你愿不愿意把它放到你的房子里？我的意思是说，如果是我的话，我的第一反应会是：不要，听起来太危险了，我不要。那如果要放的话，拿它来做什么呢？原因就在于，绝大多数情况下，人们判断事情的依据是如何利用那些基础设施。如果不去用道路运输东西，那么不管使用汽车还是马或者其他什么东西，道路系统都没有用。同样的道理也适用于电力，问题在于用它来做什么。对于数字信息网络和信息系统来说也是如此，人们需要了解的是可以用它们做什么。现如今基础设施总的来说有个很有意思的特性，即倾向于降低发挥生产力的门槛。比如对于那些研究万维网的人来说，如果他们想要创造一些新的东西，他们不必再费力去建互联网才能做到，可是如果没有互联网，他们就无法创造出今天这种形式的网络，除非他们重新创造出互联网。所以说，互联网可以让人们能够付出更小的努力就能达到目的，而不用去再造全部的东西。由此可以看出，减少障碍至关重要。但当今互联网的发展，或者算上我们最近所做的事情，就是通过互联网以数字的形式从一台计算机上获取另一台计算机的信息。为什么要从一台计算机上获取另一台计算机的信息呢？不是说仅仅是为了实现这个过程，而是因为想利用别的机器上的信息做些事情，或者看到别的机器上的信息。所以过去 40 年里，大多数情况下，人们使用互联网，就是通过用手敲键盘、用眼睛看屏幕或是看打印出来的内容。我觉得方式可以不止这些，因为人们确实是想利用机器，来四处搜集或发送信息，或者是想用某种比较有效的方式来协调、协作。所以，除非能有更有效的方式减少障碍，否则就得发明与之相伴的一切。并非所有在计算机上构建应用程序的人，都必须从头开始构建自己的操作系统，因为他们可以利用研究机构或行业所生产出来的产品与服务来实现这一点。

我认为在互联网方面，也有这样的挑战，人们一直在努力提升，提升到至少能以数字形式处理的程度。我们称之为数字对象[①]，这是我们在大约 25 年前提出的一个新词，虽然新却是一种让人们更容易管理信息的方式，它可以让我们不必去从头掌握完成一项工作所需的各种能力。你提到的例子，是个问题，换句话说，就是持久性。假如你在网上找到的链接失效了，不管是因为机器不在了，还是那个文件不在了，或者别的什么情况，如果你仍然想要访问那些信息，就必须创建一套完整的系统来做这件事情。可是如果我们能在互联网的基础设施中，建立这种构造机制，可以让人们以一种持久的方式访问数字对象，这样无论什

① 数字对象，是数字图书馆中的一个条目，通常由数据、元数据和标识符组成。

么时间，无论发生什么，哪怕机器不在了，情况发生了任何变化，都没有问题。

访谈者：我有个问题想问您。我去互联网档案馆的时候，它在努力地尽可能地存档那些网页，这样做可行吗？或者说效率上可行吗？将来，查看它们的软件不在了，操作系统不在了，想要查看那些网页原来的样子，只能去互联网档案馆看。

鲍勃 · 卡恩：这是一个非常基本的问题，我们可以在这上面花很多时间。有一些方法很有意义，我不知道它们可不可以适用于所有的情况，也可能只是我们不够了解。不过，可以举一个例子，假如想要存档电子表格。大家都知道什么是电子表格。电子表格的概念很有可能会持续很长一段时间，大家知道电子表格不过是一种二维数组，含有一些数据和 Eigen[①] 的内容，可以看出来存储在数字对象中的东西是一个矩阵，或许某些数据类型会有指示，可以点击，然后它会用你所需要的任何一种语言告诉你“这是一个矩阵”，然后你会发现矩阵是由行和列组成的，它需要在其中

① Eigen，一个高层次的 C ++ 库，有效支持线性代数、矩阵和矢量运算，数值分析及其相关的算法。

输入记录。比如说把信息用“这是一个矩阵”的形式存储，有 17 行 23 列，也有所有 Eigen 的接口，那么就可以在将来的任何时候将这些信息传给某个程序。只要这个程序知道怎么处理矩阵，知道怎么显示，知道怎么使用打印机，知道那个时候的通信系统，那么它就能够处理这些信息。可是如果将信息，比如说像现在大家所看到的一样，以某种专有的数据格式进行存储，那么就需要始终知道那种专有数据格式是怎么一回事，以便从原始数字对象重新创建那些信息，这可能意味着需要用到能够操作这些信息的原始程序，因为可能只有原始程序才知道如何解析那些专有格式。可以设想下，人们只用公共格式，而不是用专用的私有格式，也不需要留存所有用于解析那些专有格式的东西，不能用对于当时而言属于未来的技术，所以这是一个全方位的挑战。这是一种描述这个问题的简单的方式。

你听说过最初的，可能是最初的，叫作 VisiCalc[①] 的电

---

① VisiCalc，全名是 Visible Calculation，1977 年推出的第一款电子表格办公软件。VisiCalc 主要是满足用户建表、运算处理、表格存取这三项要求，提供给用户一项直观、准确便捷的软件工具。在 1979 年被评为最佳软件。

子表格程序吗？这个程序可以追溯到差不多 20 世纪 80 年代初，我不知道确切的时间段，可能是 20 世纪 70 年代末或者 80 年代初。那时候人们还没真正弄明白个人电脑可以做这些事情的互动特性。这个程序是专为个人电脑设计的。现如今如果有人拿给你一份 VisiCalc 电子表格，你可能会问，我到哪里去找 VisiCalc 程序呢？或许你可以在某个地方找到，或许互联网档案馆收集了一份，但它可能不在网页上，当时是在某个文件里。然后，你不得不去了解运行这个程序需要什么环境。可能它只能在 IBM 的 DOS 1.0（DOS 操作系统第一版本）上运行。我不知道它确切的具体运行环境，也许这个程序只能运行在某种特定的硬件上，这种硬件是专为 IBM 计算机或其他什么而设计的。你不得不去考虑所有这些问题，或者去维护仿真环境，以便在将来也能继续运行这些旧的东西。这是一种不可持续的方法，所以我认为需要用可持续的方法来处理这一问题。现在有一些东西我认为是有可持续性的，比如说如果用像素化的方式去描述某个图像，这种方式可能将来人们也可以理解。当然了，这也不能保证，或许人们会有其他查看图像的方法，与此完全无关，非像素化的全息描述或者其他什么方式，不过肯定会有一些东西是有持续性的。

可以想到，虽然有些软件或者其功能，是与特定的硬件实现紧密相关的，但人们不一定要依赖那些特殊的软件或功能。所以说这些都是信息管理方面的挑战。不过对我来说，最主要的出发点是只有能准确标识出想要的某条信息，才能去就如何知道该信息的描述方式进行有针对性的研究。或许有人会说可以使用标识符，而且标识符是唯一的，这样就可以使用唯一标识符来获取想要的信息。你可能拿到的不过是一个数字对象，那就需要弄清楚怎样提取那个对象中的信息。对象已经有了，信息就在里边，那就得弄明白如何去显示这些信息，这一点我们刚刚讨论过了。另外一方面，假如根本拿不到那个对象，那就没有机会了。我觉得这个问题现在已经基本得到解决，可能还没有统一的说法，但是在互联网的演进发展过程中，如果类似的东西可以嵌入到互联网的逻辑扩展和后续的改进中，那么我们就有了可以建造的基础，可以降低将来开发更好的应用程序的门槛。

这实际上为温顿提到的所谓的“数字黑暗时代”带来了希望，对吧？他非常担心这些事情。有了数字对象体系架构和数字对象，我们这里用这个词，要是以后开发了这样的系统，那么人们就不用担心“数字黑暗时代”了。我们肯定会失去太多的信息，你知道，都是以前的信息，我们可能将无法再找回。“数字黑暗时代”可以有两种定义：它可以指计算机出现之前发生的一切，这是一种定义；另一种是人们使用电脑之后，开始越来越多地丢失东西，等到了一定程度，就形成了另一种不同的“数字黑暗时代”。

访谈者：非常感谢您跟我讲述您在这一领域的独到见解。您是我 2017 年采访的第四位“互联网之父”，之前我已经采访了伦纳德 · 克兰罗克、温顿 · 瑟夫，还有拉里 · 罗伯茨。说实话，我觉得对我来说，对您的这次采访是最难的一次，因为您所做的工作持续了那么长时间，那么有启发性，那么有意义，有太多的东西了。我们开始吧？

鲍勃 · 卡恩：没问题，我再跟你讲一个我的看法，有家主流杂志媒体 C-SPAN[①]，通过这家媒体，大家可以了解到正在发生的事情。它的创始人叫布赖恩 · 兰姆（Brian Lamb），布赖恩自己有一档节目，每周播出两次，我觉得其中有一次是重播。他去采访各种各样的人，做这个节目有很长一段时间了，而且在 C-SPAN 上都有存档，你回去后可以看看他做的节目。2005 年 8 月初，我当时刚从巴黎回来，在那里参加了国际互联网工程任务组举办的一个会。

---

① C-SPAN，美国一家提供公众服务的非营利性的媒体公司，由美国有线电视业界联合创立。

布赖恩在他的工作室里对我做了采访，在市中心的联邦火车站附近。那次对我的采访，谈了很多现在你所谈论的事情。他在采访一开始的时候问我："卡恩博士，互联网是你发明的吗？"这是他的第一个问题。我给出了一个比较合乎逻辑的答案，大概意思是说，是这样，我确实从很早就开始参与互联网构建，不过还有很多人也参与了。你提到了很多人，他们在不同的时间，不同的地方，扮演了不同的角色。我不想站出来说是我发明了互联网。原因在于这是一个相当复杂的过程，涉及很多人。我们可以集中专注某些理念，某些具体的理念，某些具体的实现，去讨论有关谁起到了领导作用以及引导作用，等等。否则就像你去采访乔治·华盛顿[①]，然后问："美国是你发明的吗？"答案不能说是谁"发明"的美国，美国创立的过程涉及很多人，这些人在一起，把他们的想法都摆出来，然后设法去实现。这中间确实有些人起到了某种领导作用，我确信你们访谈过的很多人，都曾以某种方式、某种形式或别的什么方式起到过领导作

① 乔治·华盛顿（George Washington），1732 年 2 月 22 日出生，美利坚合众国首位总统，美国杰出的资产阶级政治家、军事家、革命家，"美国国父"。于 1799 年 12 月 14 日逝世。

用。弄清具体起到了什么样的领导作用，才是最重要的。

那次访谈我和布赖恩谈了一个小时，在访谈结束之前，他说他有最后一个问题，他问道："卡恩博士，互联网是你发明的吗？"他又问了我同样的问题。我们花了一点时间讨论阿尔 · 戈尔[①]在其中所起到的作用，因为有很多人认为将互联网的发明归誉于他不合适，当然对于这个问题，在技术领域里大家对此不存在什么疑问，因为戈尔并不是做技术的，其实温顿和我曾写过一篇非常有意思的文章。这篇文章在互联网上应该还可以找到，试试用"卡恩和戈尔"，或者用"瑟夫和戈尔"，用我们三个人的名字去搜索，就可以找到。许多主流媒体并没有报道，但那篇文章仍然存在于互联网上，我们所指出的，就是戈尔应该是第一位认识到互联网的重要性，并且公开阐明其重要性的主要政治家，或者说是民选政治家。

---

① 阿尔 · 戈尔，艾伯特 · 戈尔（Albert Arnold Gore Jr.）的别称，1948 年 3 月 31 日出生于华盛顿，1969 年毕业于哈佛大学。美国政治家，1993 年至 2001 年担任美国第 45 届副总统。曾经提出著名的"信息高速公路"和"数字地球"概念，引发了一场技术革命。由于在全球气候变化与环境问题上的贡献受到国际的肯定，戈尔获得了 2007 年度诺贝尔和平奖。

访谈者：谢谢您提到这一点，我们采访过迈克·尼尔森[①]，他帮助阿尔·戈尔做了很多事情，有人说就“信息高速公路”而言，迈克·尼尔森是阿尔·戈尔的老师。

鲍勃·卡恩：我第一次见到迈克·尼尔森时，他正代表斯坦福出席参议院商务委员会。当时还是内森·柯林斯在主持。迈克非常积极地试图弄清楚所有那些问题，就此他们进行了多场听证会，我相信应该是他在后面推动这些事。我在其中一些听证会上发过言，向他们提供了大量关于互联网的潜在影响方面的信息，我记得他的办公室工作人员回电话给我，或许是迈克要求的，电话里说："参议员想了解一下您所有的想法。"那些都是早期的想法，可能是在 20 世纪 80 年代中期到后期，但迈克在那一层面上发挥了非常重要的作用，在某种程度上至今仍然如此。

访谈者：好的。我们回到您刚才所说的问题，C-SPAN 问您是不是您发明了互联网？我认为有些记者会试图将非

---

① 迈克·尼尔森（Mike Nelson），Cloud Flare 公司互联网相关全球公共政策事务负责人，美国“信息高速公路”的背后推手——副总统阿尔·戈尔的“军师”。

常复杂的问题简单化，想得出非常简短的答案，从而以此吸引人们的注意；“哦，天啊，互联网是不是这个人发明的?”一开始的时候，很多人都在开阿尔 · 戈尔的玩笑，阿尔 · 戈尔说是他创造的，就像是他创造了“信息高速公路”一样。

鲍勃 · 卡恩：他所说的是：“我积极主动地帮助了互联网向前发展。”我觉得他这么说是没错的，但从政治上来说，就不怎么样了，因为他那样就为所有对手开辟了一条途径去反驳他。

访谈者：说到提问题，记者通常会那么问，不过我们的做法不是那样。我们不想把非常复杂的问题过于简单化，简化成那种吸引眼球的新闻标题样式的问题。我们开始做“互联网口述历史”项目的时候，有个格式化的东西，基本上就是我们会请您说下您的名字，您的生日，希望这样没问题。

鲍勃 · 卡恩：我叫罗伯特 · 卡恩，1938 年 12 月 23 日出生于纽约市。

访谈者：请问您父母的名字是?

鲍勃 · 卡恩：我母亲叫比阿特丽斯（Beatrice），我父亲叫劳伦斯（Lawrence）。我母亲是个家庭主妇。我父亲在大学毕业后教了一段时间的会计学，后来在纽约一所高中当教导主任，在退休之前，他在那所高中当了一段时间校长。

访谈者：您的童年是怎么样的？在您成为如此伟大的科学家之前，您是个什么样的人？

鲍勃·卡恩：我觉得我就是一个非常快乐的小孩，头脑很活跃。我的父母非常支持我，我这一生都和他们非常亲近。他们都过世了。我父亲在1999年去世，我母亲是在父亲去世的5年前去世的。其实主要是我对科学没有太多的兴趣，对未来的职业没有太多的想法，童年的时候我只是享受生活，喜欢运动，而且头脑非常活跃，解决难题是我进步的动力。我会记录运动成绩，去解数学难题，我喜欢数学。所以，其实不管从哪方面讲，我的童年都没什么值得关注的地方，不过就是个享受生活的小孩。

访谈者：您不是那种特别聪明的孩子，不管去哪儿干什么，都能立即在老师和同学眼中显得很突出？

鲍勃·卡恩：也许不会，我当然不知道当时老师们对我的看法，但所有的东西我很快就能学会。我是那种孩子，就是放学以后把作业推迟到最后一分钟再做，因为这样总是更容易，我能非常快就做完。在这之前我会出去和街上的孩子们玩球，会去骑自行车，或者做别的什么。对我来说，最大的挑战在于专心、专注地去做事情。我记得在学校的时候，有次我居然连作业都没交，因为太简单了。第二天我去的时候，老师问："作业呢？"我说那些作业不怎么值得花时间去做，因为我都会做。老师说："不对，你不能这么干，你必须得做做看。"所以我就把作业做了。虽然说作业看起来不像"2 加 2 等于几"那么简单，但我感觉就那么容易。

访谈者：您有没有兄弟姐妹？您和他们关系怎样？

鲍勃・卡恩：我还有一个比我小两岁半的妹妹，她做什么事情都比我好一点，她非常用功，假如我得 99 分的话，她就能得 100 分。她在高中和大学毕业的时候，都是做毕业致辞的优等生，我从来没那么努力过，不过她比我努力。她已经去世了。

访谈者：在初中或者高中，您对科学产生了浓厚的兴趣吗？

鲍勃・卡恩：没有，如果必须列出我最感兴趣的事情的话，追踪体育运动可能会在名单的第一位，我对运动很感兴趣。

访谈者：您能再谈谈您说的“追踪体育运动”是什么意思吗？是说您参加体育运动并追踪的意思吗？

鲍勃·卡恩：不是的，我是布鲁克林道奇队的球迷，知道他们表现如何，球员都有谁，有多少次本垒打，等等。我会跟踪并统计数据。作为一个孩子，我经常去跟踪热门歌曲，如“本周前40首热门歌曲”，还有热门歌曲的名次变化轨迹，一首歌什么时候排名第一，两周前或者两周后的排名多少，诸如此类。我喜欢听各种音乐，古典音乐，流行音乐，等等。我喜欢阅读，但要是让我在坐着读书和出去运动之间做选项的话，我可能会选出去运动。当然我认识一些人，那种只要有机会读一本好书，就会把读书作为优先选项的人。我喜欢阅读，我读过很多书，但是我更喜欢运动。

我喜欢数学，喜欢解难题、解谜题，我一直都有一些在解的难题、谜题书，也许那时我还做过数独游戏，尽管具体的我记不太清楚了。我母亲在她很小的时候就病了，她小时候得了风湿热，1945年她有过一次心脏病发作，总共发作过8次，那是第一次。那天是1945年4月12日，正好是罗斯福总统去世的那天，我认为是这个消息引发了她第一次心脏病发作。因此我和妹妹，在我父亲的大力支持下，花了我们生活中的很大一部分时间来帮助母亲做家务。我们每天都要做饭。我父亲有一份全职工作，他很忙，所以我们就做一些家务，我觉得我的童年很特别。

访谈者：您帮了父母很大的忙，那您厨艺好吗？

鲍勃 · 卡恩：这个你得问别人，不过我感觉我的厨艺挺好的，还过得去。我觉得我的志向还没到要开家餐馆的程度，因为我没那么有创意，那么时髦。我是说现如今，厨艺好不好不仅体现在食物做得好吃上，装盘也要好看，我更倾向于只是把食物装到盘子里，不去考虑那些摆盘的细节。我对各种烹饪方式都感兴趣，我会从报纸、杂志上把菜谱剪下来。我还订阅了一些这方面的杂志，并且时不时地尝试做各种菜。

访谈者：这也算是一种追踪活动吧？

鲍勃 · 卡恩：这种是试验性的。我的意思是说，对我来说，我特别喜欢的是考虑把不同的调料和口味如何搭配起来，这是烹饪乐趣的一部分，如何烹饪某种食物只是一方面，更多的是如何做出美味的东西来，去做某道菜。像这样的事情，我都很喜欢，需要动脑，很有意思。

访谈者：能不能讲讲您的学习经历？

鲍勃·卡恩：其实我高中读了三年。第一年是在纽约布鲁克林的詹姆斯麦迪逊高中就读。当时我们住在布鲁克林，后来搬到了长岛的法拉盛，我记得是在 1952 年左右，也可能是在 1951 年，大概是那段时间，我在法拉盛高中读了高中的最后两年。1955 年我从法拉盛高中毕业，所以我们搬到那里的时候可能是 1953 年。

访谈者：最终您去了纽约城市学院。为什么决定去这所学校呢？

鲍勃·卡恩：这个其实有两方面原因。由于家里人生病，我当时的一个想法就是离家近比离家远要好，这样就能帮助到我父亲。作为一名高中教师，他赚的钱不多，所以我们并不是很富有，我想他会尽一切努力支持我，我申请了很多不同的学校。我记得这些学校都录取了我，包括一些现在非常有名的学校。最后我决定在当地读大学，头两年实际上我是在皇后学院（Queens College）度过的，那所学校离我们在法拉盛的家不远，坐公交就可以到。那个课程是先在皇后学院读，后面两年可以到纽约城市学院读。纽约城市学院有基础工程课，而皇后学院有更多的文科、数学、物理和历史课程，还要完成学业所需的其他课程。我记得我在皇后学院读了两年，然后到纽约城市学院读了两年半。

我开始考虑进入工业工程领域，因为我小时候对一些东西如何运作非常感兴趣，我非常喜欢那些，还特别喜欢研究它们是如何影响工业的发展的。虽然说里边有我的一些商业上的考虑，但我对研究和理念之类东西更感兴趣。不过后来发现没有我想读的那样的专业，所以我选择了化学工程，觉得它可能会很有意思。我不知道是出于什么原因，也许是我对食物、气味和味道感兴趣，但我不喜欢在实验室工作。不知道是什么原因，那对我来说没什么吸引力，于是我改变主意，逐渐对电气工程产生了兴趣，因为电气工程需要有非常强的数学基础，还涉及不少物理学方面的东西，所以我在本科期间学的其实是电气工程。我记得是在1960年1月，我在纽约城市学院完成了本科学业，获得了电气工程专业的学士学位。

纽约城市学院的埃贡·布伦纳（Egon Brenner）先生是一位好导师。他住在离我家不到一英里[①]远的地方，主动提出开车送我上学。大多数时候，我去纽约城市学院，他会在早上开车载我一起去学校，晚上再和他一起开车回家。上学放学都很顺利，有时候我也会自己坐地铁去曼哈顿，

① 1英里约合1.6千米。——编者注

坐火车上学。

访谈者：怎么会碰巧遇到这么关心您的教授，还愿意送您上学?

鲍勃·卡恩：这个我也不知道，我不觉得他有多喜欢我，我认为他对学生很有眼光，我觉得他那么做不是因为我是个多么好的学生。你问过我，是什么真正激发了我对科学的兴趣，但我想说的是，是他激发了我对研究的兴趣。我在纽约城市学院的最后一个学年，他说学校可以为某些学生提供专门的研讨会，由老师们决定是否去做某个项目，所以在最后一个学年，他为我设立了一个专门的项目，我记得是做某些高级课题，很有挑战性，不是那种课堂上的东西。我选择了一个以前考虑过的领域，看看如何进入那个领域。我几乎记不起当时做的课题了，但我记得，那确实激起了我对研究的兴趣，找到某个大家还不知道该如何处理的难题，然后深入进行研究。我想他后来是转到了纽约地区的某所大学，最后退休了，不过我和他已经失去了联系。

访谈者：您觉得您和教授还有其他人一直都相处得还好，是吧?

鲍勃 · 卡恩：一直吗？这个时间跨度太长了。不过在大多数情况下，我和一些教授相处得很好，有些教授讲的我一直都听不懂，比如在普林斯顿大学时，我报名参加了一门逻辑课，但我真的弄不明白那门课教的东西，所以我就早早转去学线性代数课程。但在很大程度上，我的意思是说我喜欢那些老师，其实我喜欢那个教授，只是我弄不明白他教的东西。绝大多数情况下，我和所有的老师都相处得很好。我从来都不是那种问题学生，虽然有时候我对有些东西掌握得太好了，以至于对一些必须做的课业的细枝末节不怎么感兴趣，但最终我还是去做了。

访谈者：我觉得很有趣，伦纳德 · 克兰罗克也提到了纽约城市学院！他特别提到了麻省理工学院的人去纽约城市学院为他们的研究生院招生。您最终没有去麻省理工学院，而是去了普林斯顿大学。您能告诉我们是怎么回事吗？

鲍勃 · 卡恩：我记得我申请过许多学校，麻省理工学院可能是其中一所，康奈尔大学是第二所。我被所有我申请的学校录取了，但我最终去了纽约城市学院，先是去皇后学院读两年，然后去城市学院读完剩下的课程。麻省理工学院是伦纳德 · 克兰罗克读研究生的地方，他的博士论文在计算机网络领域非常受欢迎。

不过我并不是直接去的。我从纽约城市学院毕业的时候，是 1960 年 1 月，这并不是一个正常的学年结束时间，因为当时我读的是四年半的课程，实际上是五年的课程，但我四年半就读完了。于是我决定休息一段时间，获取一些行业经验。当时我考虑去的有两个地方，一个是美国无线电公司研究院（RCA Labs），它当时不在普林斯顿，另一个是贝尔实验室。我最终去了贝尔实验室，当时贝尔实验室的总部在曼哈顿，除了那些了解贝尔实验室历史的人或当时在那儿工作的人，并不是有很多人知道贝尔实验室。不过去贝尔实验室会很方便，因为我可以和家人住在一起。早上开车去就行，通常我和其他开车去曼哈顿的人一起去，有时我会坐火车，晚上再回来。那样真的很好。不过在那期间，我获得了一份 NSF[①] 的奖学金，可以支付我自己选择的学校的所有费用，我决定接受，然后去普林斯顿大学。一般来说，申请以后，都要等着出结果，但我在当年就知道被录取了。

---

① NSF，即美国国家科学基金会，National Science Foundation 的缩写。美国独立的联邦机构，成立于 1950 年。其任务是通过对基础研究计划的资助，改进科学教育，发展科学信息和增进国际科学合作等办法促进美国科学的发展。

后来我在贝尔实验室做了 9 个月，那年 9 月去了普林斯顿大学读研究生，然后暑期的时候继续在贝尔实验室工作。我第二年就又回去，在西街工作，那个时候贝尔实验室的总部所在地是曼哈顿下城西街 463 号，就在哈得孙河西岸，在那里可以看到玛丽女王号每隔一个星期的周二进港和周四出港的场景，隔周伊丽莎白女王号都会进港或出港，它们都是远洋客轮。那儿是个很好的地方，格林威治村的餐馆很棒，我们会步行去那边吃午饭。同事们都特别棒，我主要是和一帮做运筹学研究的同事在一起，他们做的都是关于贝尔系统[①]的架构方面的工作，当时大多数大学毕业生都想从事具体的技术组件工作。我觉得我在贝尔实验室的工作可能对后来我在互联网方面的工作产生了影响，因为我没想去做具体的技术组件的工作，我在贝尔实验室所做的，是那种总体架构方面的工作。

和我一起工作的，有位名叫罗杰 · 威尔金森（Roger Wilkinson）的老先生，就像贝尔系统的沃尔特 · 克朗凯特

---

① 贝尔系统（Bell System），指贝尔本人创立的贝尔电话公司曾形成的庞大的系统，它垄断美国的电信事业达百年之久。贝尔系统以 AT&T 公司为母公司，下辖众多的子公司和研究所。

(Walter Cronkite)，他穿羊毛衫，抽烟斗，住在拉奇蒙特，周末的时候，他乘着帆船去那里。他是一个很不错的人，为贝尔系统做了大量的通信工程理论工作，这些理论牵涉到应该放多少条线，在哪儿放，以及如何让其满足某些条件。我想说的是，我希望我们今天的互联网，能有与20世纪50年代末60年代初，或者说是他所工作的年代，能有与那个时候的电话同等的性能指标。不过你也知道，如今的互联网，所有的东西都是在较低的交互规则水平之上完成的，不过我们有这些全球性的系统，有一定的延迟时间，并且是以在不同的地方有多少东西来衡量的，比如标记和发送者，它们是贝尔系统的交换中心的结构实现的组成部分。他知道它们都在哪里，他了解整体的架构，可能他是唯一一个有那种全球视野的人，我觉得现如今可能没有人像他那样对整个系统的信息了解得那么多。其实，那时候不止一个系统，因为AT&T[①]在当时的电信业务中占据主导地位，与现在我们正在用的是一种完全不

---

① AT&T，全名为American Telephone & Telegraph，即美国电话电报公司，是一家美国电信公司，成立于1877年，曾长期垄断美国长途和本地电话市场。

同的系统。

访谈者：您觉得纽约城市学院和普林斯顿大学有哪些不同？或者说在您求学和学业方面，它们都产生了哪些不同的影响？

鲍勃·卡恩：是这样的，我在普林斯顿大学读研究生课程的第一个暑期，也就是研究生第一年和第二年之间的暑期，在贝尔实验室工作。在贝尔实验室工作第一年时，我刚从纽约城市学院毕业。第三年的时候，我在默里山的贝尔实验室工作，不是在总部，是和香农[①]一起工作，他是一个数学研究小组的成员，在电气工程，尤其是通信领域非常有名，提出了许多通信方面的数理标本理论，特别是噪声处理理论。他是一名了不起的应用数学家，写了一篇开创性的论文叫《噪声下的通信》，据此人们可以将很多通信建立在一种更为结构化的基础之上。他像是我的导师，我从他身上学到了很多。他的笔迹一丝不苟，他可以在一张 8 cm × 11 cm

① 香农（Claude Elwood Shannon），1916 年 4 月 30 日出生，美国数学家，信息论的创始人。1936 年获得密歇根大学学士学位，1940 年在麻省理工学院获得博士学位，1941 年进入贝尔实验室工作。香农提出了信息熵的概念，为信息论和数字通信奠定了基础。于 2001 年 2 月 24 日逝世。

的纸上写下比我在同样的10张纸上写的东西还多，记下特别细小的数学公式和其他东西，他是一名应用数学天才。后来他好像从贝尔实验室退休，去了加利福尼亚大学，我认为他在加利福尼亚大学圣地亚哥分校做过一段时间。当然，贝尔实验室早期有特别多的人都很有影响力。香农是从贝尔实验室出来的，他创立了整个信息理论的概念，还有如何处理编码，他用这样的方式根本性地改变了整个行业的业态。

多年以后我到麻省理工学院任教的时候，教员没有几个人，是个小团体，香农就在我旁边的办公室。我记得他是在347或349办公室，我是在343办公室，我们之间只隔几间办公室，当时我和其他一些非常有名的人共同执教。

我想说的是，两个地方的环境太不相同了。纽约城市学院基本上就是一种教学环境，人们到那儿去学习，学校把你带上路，除了最后一年我参加的研讨会之外，那个是特殊的，班上只有我一个参加了，剩下的大部分时间都是在接受教育。我学到了很多，那个项目很棒，激励了我，并让我打下良好的研究基础，以成为一名富有成效的贡献者。普林斯顿大学则完全不同，据我所知，学校不要求做任何形式的课堂作业。我上过一些课，因为我觉得那些课很有意思，我花了很多时间专门去学数学和物理，因为那才是我感兴趣的东西，我在三楼或者顶楼待过很长时间，不管是在法恩大楼哪个地方，那是以前数学系所在的地方，紧挨着物理系的帕麦尔大楼，是传奇般的存在，因为很多计算领域的历史事件都发生在里面，在数学系。那里举办了纪念图灵[①]一百周年诞辰的活动，他是计算（机）史上的关键人物之一。他在那里完成了他的博士论文，他的所有工作都是在那里完成的。那段历史我并不完全了解。我当时大概知道这件事，但不知道细节，很多年后我才知道的。所以当时大家得自己靠自己，在那里的工作就是学习，在一段时间结束后要通过一些考试，然后要写一篇博士论文，我都做到了。主要是一种自我学习的努力。我当时真的很有动力，因为突然间我真的对学习这些不同的东西非常感兴趣，我可以选择想要学习的东西，然后投入其中，我做到了这一点。然后我们参加了口试，我通过了所有测试。据我所知，那很困难，因

① 图灵（Alan Mathison Turing），1912年6月23日出生，英国数学家、逻辑学家，被称为“计算机科学之父”，“人工智能之父”。1931年图灵进入剑桥大学国王学院，毕业后到美国普林斯顿大学攻读博士学位，第二次世界大战爆发后回到剑桥，曾协助军方破解德国的著名密码系统Enigma，帮助盟军取得了二战的胜利。于1954年6月7日去世。

为班上的大多数人从来没有成功过。我不知道确切的通过比例是多少，大概有35∶1，非常低。大量的硕士学位被授予出去，但很少有人通过博士课程。我觉得当时普林斯顿大学的博士课程也在发展之中，尤其是在电气工程课程方面，有许多非常不错的系。普林斯顿大学的数学系是世界顶尖的数学系之一，甚至有可能排名第一，我猜大家对谁排名第一会有争议。不过电气工程当时还是一个相当新的系，还在发展。学校要求的标准很高，所以系里试图引进最优秀的人，将毕业标准提得相当高，并告诉你如果想拿到学位，就必须超越那个标准。我在那里写了一篇博士论文，并在1964年年中从普林斯顿大学获得了博士学位。在那之后，我决定去教书，原本我以为自己会去一所小一点的学校，但他们基本都没有真正意义上的研究支持，也没有很多人可以交流，所以我决定去一所大的学校，结果被麻省理工学院聘用了。于是在1964年9月的时候，我去了那里。

访谈者：您在1962年获得了硕士学位，两年之后，您就获得了博士学位，时间相当短。

鲍勃·卡恩：我觉得从入学开始通常都是4年的时间，授予硕士学位更多是一种形式，也就是说，如果完成了课程或者是通过了口试，学校自然就会授予你学位，我的意思是我记得我从未申请过，是自然而然的事情。那么最后的两年，就是专门用来撰写论文的时间，大多数情况是两年，在某些情况下可能会是三年。这方面我可以给你讲一个非常有意思的事。好多年以后，我获得了普林斯顿大学的荣誉学位。拿到学位的时候，我觉得很不寻常，我不知道他们会给自己的毕业生授予荣誉学位。于是我就打电话去问，我说你们可能弄错了，因为我已经有博士学位了，可能是某一个科学博士的学位。他们说道，没错，那是真的，他们是有意这么做的。后来我了解到，互联网作为一项工程所意味着的成就，远远不及它对这个世界产生的影响。就荣誉学位而言，他们通常会这么做，授予那些通过各种方式对社会产生影响的人。那样很好，于是我必须得去出席活动。

在活动的前一天晚上，普林斯顿校长安排了晚宴，邀请了许多主要的教职人员，我记得还有四五个荣誉学位获得者，还有一个民权工作者，从南方来的，我忘了还有谁去了，可能有约翰 · 图基（John Tooke），还有个别其他教职人员，校长要求大家站起来讲一些在普林斯顿时的有意思的事。我的一名导师，约翰 · 托马斯（John Thomas）先生，他是一位杰出学者，我从他那儿学到了不少东西。他经常给大家做论文指导。我觉得他可以在任何学科和任何领域中帮助写论文的学生，前提是学生们要还可以，不是不怎么样的那种。因为与他在一起探讨的时候，是有规律和套路的，如果是好学生的话，论文一定要提出某些目标，没有提出目标，那就下周再看一下，或者把这周取得的进展讲给他听，或者说一下你各周都有什么计划。好像论文的主题是什么并不重要，但他总能引导你朝着正确的方向往前走，他在这方面很精通。

不久后，又有一位老师进入普林斯顿大学执教，是刘博士，多年来我一直和他保持着很好的联系，他那时刚从布鲁克林的纽约大学工程学院获得博士学位。我记得他去过贝尔实验室，他很年轻，有着过人的直觉，我可以和他一起工作，他有很多好主意，他问我说和他一起工作好不好，我不确定该怎么回答，因为我们在和约翰·托马斯一起研究一个话题，而刘博士感兴趣的东西不一样。我们一起想出了一些别的东西研究。当我写博士论文的时候，里边包括了一些约翰和我所做的工作。那是一个很有意思的想法，就是如何同时调节信号的振幅和相位，以使其带宽最小化的问题。另外和刘博士一起，我研究的是信号的数字采样，就是如何处理诸如时间抖动，如何对采样进行概括等问题。我们没有创立信号采样的概念，但是我们提出了如何处理信号采样的一般思路，特别是在对不同的东西进行多次采样，并将它们放在不同的环境中的时候。因此，论文最终是 A 篇加 B 篇，用订书钉订起来。我觉得那样有点不同寻常，不过也没有想太多。后来约翰退休的时候，他请了所有以前的学生聚在一起，其中有些人非常优秀，他将我作为他的第六个学生介绍给大家，他说："我觉得鲍勃可能并不知道，他是我的学生中，唯一一个写了两篇博士论文的人。"我说，是的，我也没有意识到，我还以为我只写了一篇。他说，他在会上宣布了这一点，说他们已经决定，我在攻读博士学位期间的第一个课题，在第四个月，第六个月或者第八个月就已经做了足够的工作，有资格获得学位；但他们认为我在博士学位的研究方面，没有花足够的时间，所以，指派我和刘博士一起工作，于是我就又做了些另外的事情。之后他说，"实际上，其中任何一项研究都有资格获得博士学位"。但他希望我参与到那个课题中去，我也不太清楚。不过这样挺好的，我说既然我写了两篇论文，那我觉得获得荣誉学位就说得通了。不过这只是句玩笑话，我没有真那么想，只是觉得很荣幸。当时就是这样。

访谈者：听起来您在普林斯顿大学很开心？

鲍勃・卡恩：我和你说过，我从小就对体育运动很感兴趣，我可以给你列一大串我以前做的事情。我喜欢打高尔夫，高尔夫是排在最前面的，我还喜欢打壁球、滑雪、花样滑冰、打网球。我想说的是，我以前做很多种不同的运动。激流独木舟也排在前面，我积极参与的有 6 到 8 种主要的运动项目。我在普林斯顿大学的那段时间，经常是早上 6 点起床，或者 5 : 30 之前起床，然后去贝克滑冰场。贝克滑冰场是那种人工冰场，从研究生院到那里步行大概需要 10 分钟。我会去那里，早上花 2 个小时练基本动作（patchwork），你可能不知道 patchwork 是什么意思，就是穿着带冰刀的鞋练习一些花样滑冰的基本规定动作。他们将冰场分成长方形的一小块一小块的，如果非要说大小的话，大概每块有 8 英尺[①] 或 10 英尺宽，10 英尺或 12 英尺长，你所需要做的就是在这些小块上练习“画 8 字”，尽可能地接近冰场上的标记，一直保持在同一条轨迹上。这种练习很不错。我以前每天早上都会去练习，那时我特别喜欢冰上舞蹈，练习冰上舞蹈的各种步骤，尽管没有搭档一起练冰上舞蹈，可以说我做的是种单人表演，不过这只是我喜欢运动的一个例子。

---

① 1 英尺等于 0.3048 米。——编者注

我以前做过很多不同的事情。但是在普林斯顿大学上学的第二年年底到第三年年初，那时我通过了口试，从大概 5 月中旬开始，我整个暑期都在休息，一直到 10 月初。我会去普林斯顿高尔夫球场打高尔夫，那里毗邻研究生院宿舍，我可以带着高尔夫球包，30 秒就走到第二个球洞，我整个夏天都在打高尔夫。有意思的是我在高中和大学都打过高尔夫，本科毕业前是在皇后学院和法拉盛高中打，所以我在这两个地方都是高尔夫球员，虽然正式打球之前我从未打过高尔夫，也从来没有碰过球杆。我会简短地给你讲一下，然后再转回来。

高中的时候，我和一个住在附近的朋友一起步行到学校，步行大约需要三四十分钟。我知道打高尔夫球是他的兴趣之一，但我从来没有玩过，有一天，我们没有在放学回家碰头的地方见面，他说能不能到他打高尔夫球的地方去找他，因为他还有别的事要做，我说可以。于是我就在外面等着他出来，他出来说："你能进来和我们一起打一会儿吗？"当时应该是高尔夫球队在开会，为球队选高尔夫球员，他们需要 5 名成员，但只有 4 人来。于是他们说，"为了提交队员名单，我们需要在高尔夫球队名单上填第五个名字，可以让我们用你的名字吗？不过不用担心，你不用上场打，我们会在适当的时候找别人的"。我说，好啊。我不知道要签的是什么东西，不过为什么不呢？于是，他们就写上了我的名字。可是球队一直没招到第五名球员，所以后来开始打第一场比赛的时候，他们就说我得参加比赛。我爸爸有一套旧的木质球杆，那种老式的高尔夫球杆，于是我就上场了，结果我就在那支高尔夫球队打了一整年，有意思的是，我还赢过一场比赛，一年有 9 场比赛，我赢了一场，输了 8 场。然而我赢的那场比赛，是和一个从来没有打过高尔夫球的人比的，所以也算是旗鼓相当了。不过第二年我就打得好多了，因为我必须学习如何打高尔夫球，我还有了新的高尔夫球杆，每年能打赢 4 场或者 5 场，差不多一年下来总体上输赢各半。

后来我去了皇后学院，报名参加了高尔夫球队，并加入了球队，我们也打过球。我记得有一年，我们去黑色球场（Black Course）打球，因为当地的球场要施工，关闭了一年。当时我觉得自己打得相当不错。我还记得 1959 年我们打过的一场比赛。出于某些原因，那时候我还在皇后学院的高尔夫球队打球，我们在西切斯特的一个叫“翼足”的高尔夫球场比赛，那是许多美国高尔夫球公开赛举办的场地，是全美最好的高尔夫球场之一，我们在公开赛之后的第二天去了那里打球。那边还保留着同样的旗杆和球洞位置，大体上一样，要说有不同的话就是会高一点。然后他们所用的球道，可能有 30 码[①]到 40 码宽，在着陆区缩小到只有 18 码左右。那里所有的地方大概都是那样，如果没有击到球道内，就必须得用刀背杆，打出去才能重新开始比赛。而且“翼足”的果岭都很有意思，有很多起伏，大多数果岭只有一小部分平坦的区域，直径大概有 10 英尺，如果打到那 10 英尺的范围内，打得够好的话，可能真的会打进一个小鸟球。如果没打到的话，就很有可能得三次推杆，而不是两次推杆，因为果岭上球速很快。我觉得那天我打了我一生中打过的最好的一次高尔夫，我错过了 8 个球道，就是丢了 8 杆，在 8 个果岭打了 3 杆，这实际上已经相当好了，因为我打不到那 10 英尺的范围，所以是 8+8，共 16 杆，因为是在 72 杆的基础上打的，所以在这个场的标准杆是 88 杆。那天我打了 92 杆，这是我打过的最好的高尔夫成绩。与此同时，职业选手们打出了 68 杆、69 杆，他们比我少了很多杆，以至于在那一刻，我有放下所有去打高尔夫的想法。

此外，我在那段时间对科学非常感兴趣，所以在第二年年末到普林斯顿大学口试开始期间，我暑期什么也不干，

---

① 1 码等于 3 英尺，0.9144 米。——编者注

只打高尔夫球，每天都打，而且我是那种只要参与到某件事中，就会特别投入的人。虽然很难相信，但我记得我们背着包，每天会打四轮。我和另外一名叫斯图·史密斯的研究生一起每天在那个球场打球，星期一、星期二、星期三、星期四，一天四轮，直到快要开学了，大概是在9月底到10月初。

访谈者：您还坚持打高尔夫球吗？

鲍勃·卡恩：嗯，我一直在打高尔夫，那是一项需要肌肉记忆的运动，大家都知道，弹钢琴的时候，光脑子里有音符是不够的，手指必须知道该怎么做。高尔夫也是如此，身体肌肉必须得知道如何动，所以打高尔夫的关键是肌肉记忆，并且得放下思想包袱，打高尔夫时不能想太多。就是这样。不过你知道，如果没有一直打的话，那么就必须得重新学习，重新训练肌肉，所以现在我出去打高尔夫的时候，第一天我的分数很差，第二天会少5杆，第三天会少6杆，直到四五天后，才会觉得自己已经恢复了状态，然后回家，之后再以同样的方式重新开始。

访谈者：1960年前后，您从1959年开始打高尔夫，那个时候打高尔夫很流行吗？

鲍勃·卡恩：对于喜欢打高尔夫的人来说很流行，我的意思是说职业高尔夫巡回赛并不是以同样的方式开始的。我认为是阿诺德·丹尼尔·帕尔默[①]让高尔夫流行起来的，有很多高尔夫球手，在鲍比·琼斯[②]、萨姆·斯奈德（Sam Snyder）和本·霍根（Ben Hogan）那个年代，高尔夫是人们都知道的一项运动，后来有了球赛转播，全美电视台都可以观看到，有很多受欢迎的球员。

不管是帕尔默还是尼克劳斯，不管是谁，突然之间高尔夫就在美国流行起来，当然有很多资金都流向了这项运动。如果你问像杰克·威廉姆·尼克劳斯[③]这样的选手，问他们当时的情况，他们可能会说几乎没有得到什么报酬，不是说他们作为高尔夫球选手做得不好，也许后来收入高一点，但那时候比赛方面的费用非常少。杰克在

---

① 阿诺德·丹尼尔·帕尔默（Arnold Daniel Palmer），1929 年 9 月 10 日出生，美国著名职业高尔夫球手。自 1955 年起，他获得过数十个美国职业高尔夫球巡回赛及冠军巡回赛的冠军，1974 年帕尔默被列入世界高尔夫名人堂。

② 鲍比·琼斯（Bobby Jones），美国业余高尔夫球员、职业律师。被称为“美国高尔夫传奇人物，史上最伟大的业余球手”。

③ 杰克·威廉姆·尼克劳斯（Jack William Nicklaus），20 世纪 60 年代末和 20 世纪 70 年代初美国杰出的职业高尔夫球巡回赛球员。

两种比赛中拥有有史以来最好的纪录，比如说在大满贯赛中，他赢得了所有的冠军，他目前在锦标赛球员名单上位列第三，不过那时候他们的报酬确实不多，虽说他打得很好。

现如今要是赢得某个锦标赛的话，显然我不会去打，因为我打得不够好。有一些锦标赛，如果夺冠的话，奖金可以达到100万美元到200万美元，大概在这个范围内。可是在以前，金额可能会在1000美元到10000美元，数字完全不同，即使算上通货膨胀的因素，这些钱也不算多，所以说当时高尔夫不是很流行，没有电视播出方面的收入，我觉得其组织方式和今天的组织方式也不一样，拿不到那么多的钱。其实去看高尔夫运动的历史的话，我也很喜欢这方面，一开始的时候，它是一种绅士运动，如果是为了钱去打的话，就不合乎规矩。它不是一种职业运动，职业球手也不被当作职业运动员看待，和业余爱好者一样。当然今天情况完全不同了，不过开始的时候就是那样。

访谈者：您差不多提到了五项运动。一直以来您都花了很多时间来提高自己的各种运动技能，很活跃？

鲍勃·卡恩：我非常活跃，身体非常协调。我喜欢运动。在我真正投入职业生涯之前，大部分时间都在运动。我发现设定指标和目标很有挑战性，对于以前的我而言就是这样。

访谈者：您打网球吗？

鲍勃 · 卡恩：我打过网球，打得一点也不好。想一想我参加过的所有运动，我可能最擅长打高尔夫，不过我确实特别喜欢花样滑冰。在我参与过的运动中，我觉得没有几项运动能像花样滑冰那么美，它既优雅又有运动强度。

访谈者：您提到的那段时间里您独自练习花样滑冰和冰上舞蹈。因为普林斯顿大学的女学生不多，所以您没有舞伴？

鲍勃 · 卡恩：是这样，对我来说，花样滑冰和冰上舞蹈的挑战在于能否执行那些步骤，因为如果你不能按那些步骤走——我的意思是说，如果你在舞厅的舞池中跳舞，有人会说先这样移动你的脚，然后再那样移动你的脚，不过是个平衡的问题。但是对于滑冰来说，大多数人都没有意识到，你的滑冰鞋上差不多有 8 条刀刃，大多数人认为有 2 条，但是如果你看一个冰刀的底部，会有些不同。冰球滑冰鞋的冰刀底部有点圆，但是花样滑冰的有点向上凸，所以每条冰刀的两边都有两个锋利的边，在设计舞蹈的时候，你根据自己的步法和步骤来设计，有时甚至不需要和搭档在身体上有接触。不用和搭档在一起，只需要和他同步就好了，实际上也可以做同样的步骤，不过脚是分开的。这通常也是跳舞的方式。他们会这样来设计，这边有8英寸[①]，8英寸是在左边，给你一些指标，左滑对右滑，内边缘对外边缘，向前或向后。可能会是这样，先用左外缘向前滑，然后再用右内缘向前滑，因为这样过渡很容易。或者先做三个转弯，然后用外侧滑。我的意思是说，可以在冰刀上做各种不同的动作，而且必须要能够做到，我觉得这很有意思，不过你也完全可以自己做。当然，如果有搭档的话，可以一起练，但是搭档一起练的话，对我来说，得要有新的目标，比如说想去参加并赢得某个比赛，然后必须把所有的时间都花在练习上。

我更感兴趣的是如何去滑，都有哪些步骤，怎么去做得更好。所以说滑冰很有意思。我在普林斯顿大学花了很多时间去滑冰。我在那儿的日常生活安排得很不一样，因为睡醒后，我通常需要一段时间才能重新打起精神来，去做我正在做的事情，但是在做论文的时候，我会醒来以后

① 1英寸等于2.54厘米。——编者注

就继续做。所以以前，我经常是每天睡 6 个小时，分 3 个阶段。比方说我一直工作到早上 4 点，假设那段时间我在写论文，我也许从凌晨 3 点开始睡觉，从凌晨 3 点睡到早上 5 点，然后起床，5∶30 出门，去练花样滑冰，然后回实验室，可能会在那里工作到差不多快 12 点，回到研究生院，那里会提供午餐，12∶30 我开始睡觉，睡到下午 2∶30，3 点回到实验室，工作到晚饭前。所以说我白天有 3 个两小时的睡眠时间，当我早上醒来的时候，就可以马上开始工作。我现在已经不能那样了，而是需要更多的连续的睡眠，这样已经有一段时间了。

访谈者：不得不说，如果您精通一两项运动，那是非常了不起的事情。从 6 岁开始，我除了羽毛球之外不玩任何其他运动，从小到大我一直是就读的每一所学校的羽毛球冠军。直到我在华盛顿特区工作，遇到了一个来自北京的专业羽毛球运动员。我还记得那个人 40 岁左右，而我那时候还很年轻。职业球员让我明白我无法和他们相比，他们太厉害了。

鲍勃 · 卡恩：打得最好的职业运动员都不年轻。其中一些人出生于 20 世纪 30 年代、40 年代或 50 年代。对我来说，体育运动是一种线性发展的能量。我的身体充满了能量，运动是一种扩展能量的方法。高尔夫对我来说是一个挑战，因为我试图打得更好，我总是试图提高公制。网球对我来说更具社交性质，更像是在跑步机上跑步。我喜欢打高尔夫，很有趣，但是我从没试图达到某种高度。我只是想在外面玩得开心。

我想告诉你另外一件事，是普林斯顿校长在颁发给我们荣誉学位前一晚举行的晚宴上的事。我和他们讲了我后来了解到的当时交的两篇论文的事，然后我告诉他们我是如何学会把高尔夫球打好的，是因为我当时失误非常少，我说我当时是和另一个研究生在打球，这个人我有差不多 40 年没见了，他是唯一一个能证实这个故事的人，这时候房间的后面有人举手。原来斯图·史密斯当时是普林斯顿大学物理系的主席，我一直没再见过他，他站了起来，"嗨，鲍勃"，他和我打了个招呼。从那以后，我就尝试想找他一起打一轮高尔夫，但没成功。后来他做了普林斯顿大学的研究部门的主管，他在那里工作得相当出色，但他和我只是很好的同学兼高尔夫球友。我们打的是平行高尔夫。你可能会问，你们怎么能一天打四局？因为我们都自己背包。我们玩得很好，只要平行击球就好了，我们可能都没注意到，自己已经在果岭上平行击球，然后继续前进。这样的话，我们早上 7 点开球，9∶30 完成第一轮，回到第一个发球区，12 点结束第二轮，然后中午吃点东西，就在俱乐部会所前面的草坪斜坡上。12：30 再开球，3 点打完。然后走着回去，我们住的地方离得不远，回去后睡上几个小时，然后再下场，大概是 5 点到 5：30，然后 7：30 到 8 点下场，在后院烧烤，然后去睡觉。第二天重复同样的流程。

访谈者：喔，您那个夏天过得可真够精彩的。

鲍勃 · 卡恩：是的，很棒。对我来说，运动是一种释放能量的方式，我精力充沛，运动能帮助我消耗能量。但打高尔夫对我来说是一种挑战，因为我一直想着要在这里或者那里有所提高。对我来说网球更具社交性，我会和我真正喜欢的人一起打，我们只是锻炼一下。我喜欢运动，它很有意思，但我从来没想过要达到某种水平，也不会每次都想着把谁击败，或者说要 90% 的发球都达到每小时 400 英里的速度。我们就是要打得开心。

滑雪也是如此，我从没想过要成为一名优秀的滑雪运动员。对我来说，在某种程度上，滑雪总是意味着潜在的危险，对吧？如果你想要越来越快，可能会滑离赛道，摔断腿什么的。对我来说，滑得开心就好了，而且滑雪一般都有社交的性质。一开始的时候，我会和朋友一起去滑雪，我们会去某个滑雪胜地，这更多是一种集体活动。结婚以后，我和我的妻子特别喜欢一起去滑雪，那是我们两个可以一起参加的一种社交活动。我设法让她玩得开心，我记得一开始的时候，在小山坡上，我用肘部轻推了她一下，因为你得从山坡上下去，再继续滑。她去做了，这对我来说很好，因为她对尝试真正具有挑战性的东西一直都没有兴趣，比如黑钻石雪场，但是我不得不去做，因为我想和她一起滑雪，在那些允许范围以内的地方。除非去做什么傻事，一般不会受伤。所以就是这样，别的方面也都是这样，激流独木舟也是要玩得开心而已。差不多就是这样，我从来没想做多好，我甚至不知道衡量水平有什么标准，不过是要玩得开心。我会和我的某个好朋友一起去划独木舟、野营旅行，等等。

访谈者：您下棋吗?

鲍勃·卡恩：我小时候下过棋，其实在高中的时候，我们曾经每周五都会聚在一起，在电视上看《暮光之城》，通宵下棋，吃比萨，等等。不过国际象棋实际上是种竞技活动，有点获取智力方面的乐趣，而不是说我打败你多少次，你打败我多少次。但我在高尔夫运动中，为自己设定了一些指标，让自己变得更好。刚开始的时候，根本不是那样的，我是说我只是在帮朋友一个忙，这样他们就有了第五个高尔夫队员。后来我就想，为什么不试试看，看自己能不能做得更好。我在心里就做了决定，要做得更好。

访谈者：我在巴黎的时候，参加了联合国教科文组织的一个围棋俱乐部。那是我第一次接触围棋。然后，我开始和别人一起下棋，当赢得越来越多时，我会感觉更好。

鲍勃·卡恩：那就是赢的标准，将事情合理化。我对合理化的问题很感兴趣，对我来说这真的很有意思。我发现大脑吸引人的地方之一，就是它通常会以各种方式，去找到某种合理化的方法。有什么好例子呢？人的鼻子，对。人要是闻一下自己的鼻子的话，那味道肯定相当不好闻，对吧？但是大脑不会就此说那根本没什么气味。不管怎样，我想说的是，在普林斯顿大学，我不知道我是怎么选的，可能是我自愿的，去负责研究生院的所有社会活动。

除了其他事情外，我会安排和那些女子学校的学生举办联谊会，确保大家在联谊会上都做应该做的事，我们有乐队，大家主要是在大厅里聊天、社交。我通常会站在外面等车开走，确保所有人都上了大巴车。我发现我从小时候开始真正感兴趣的事情之一是歌剧。我喜欢交响乐和音乐，歌剧在某种程度上，有点像这些东西的缩影。但在我成长的经历中，纽约主要歌剧院的票几乎一直都是售罄的状态。只有在第 39 街和第 7 大道的歌剧院能买到票，因为所有的票基本上都永久性地售罄了，如果周一凌晨三四点左右在那儿等着，也许能买到最上面的票，在那里虽然看不到什么东西，但至少能够听到声音。我忘了那叫作什么了，就是那种离得最远的座位……但即便这样也很难买到，而且会浪费很多时间，你必须起得很早，这样都还有可能买不到票。

我在普林斯顿大学的第一年，发生了一件事，纽约的大都会歌剧院举行了罢工，我给总经理鲁道夫·宾打了电话，他是常务董事。我给他的办公室打电话，邀请他来普林斯顿大学，给我们开一个研讨会，因为我以前经常安排社交研讨会，也安排过和女子学校的联谊会，所以邀请他来，给我们做一场歌剧方面的讲座，讲讲到底是怎么回事，他们为什么要罢工，以及他们会怎么解决问题，管理歌剧院是怎么一回事。他同意了。之后他就来了，我们就有了一场问答形式，有点社交性质的讲座活动，然后我们通常都是在普罗克特大厅举行正式晚餐，研究生们在那边用餐，包括早餐、午餐和晚餐，我们穿着学位服，所以这是场正式的活动。尽管大多数孩子在学位服下穿的是 T 恤和蓝色牛仔裤。活动是由我负责的，我请客人进来，我的工作是每天晚上用拉丁语做饭前祷告，然后吃晚饭。我们和鲁道夫 · 宾坐在一起，他不停地赞美歌剧的好处，还说大家每个人都应该参与进来。他还谈到了培养体系，我对那方面不太了解，就像棒球队有棒球分会，他们在分会里培养新星并将他们输送到大联盟。歌剧也一样，他们有不同类型的歌剧演员，学习在不同的场地、不同的地方演出，他们会选用最好的演员，我觉得应该是在提拔演员。后来他说你们真的应该参与进来，我说，恕我直言，这一桌子人里，可能没人比我更感兴趣了，可是我也得弄到票才行，而那是不可能的。一代一代的人都想要买到票，但是买不到。他说，是啊，他知道这是个问题，不过那并不是他想要说的……然后他私下对我说，“我觉得你应该这么做，把这个名字记下来”。他给了我一个大都会歌剧院的他们工作人员的名字，让我给这个人写信。剧院计划发布一份关于订阅 B 系列节目季票的公告，可以去听一年中的某些歌剧，信中要告诉他是鲁道夫 · 宾让问询的，于是我照做了，然后收到了回信。我在信中说，如果可以的话，我特别想要两张票。于是我买了两张前排和夹层的票，这是剧院里最好的座位。从那时起，我每年大概要去听四到六部歌剧，然后把其他的票给了住在纽约的家人，那样很不错。那是我经历过的事情里非常不错的一次。

访谈者：用这种方式买到票真的是非常天才。我认为您在某种程度上有一种特殊的技能，比如交新朋友以及如何一起完成某事。我说得对吗？

鲍勃·卡恩：我喜欢付诸行动，促使事情发生。我的意思是说，这也是我做事情的动力之一。我们可以谈一谈我到麻省理工学院后发生的一些事情，因为那些可以放到麻省理工学院这段时间里。不过你知道，我基本上会付诸行动，努力促使那些我个人感兴趣的事情付诸实施。在我自己的头脑中，对于那些可能实现的事物和那些完全不可能实现的事物，总能清晰地进行区分。我在美国国家科学院做过一次关于互联网方面的讲座，当时是在英特尔科学奖[①]，还是西屋科学奖[②]的活动上，我不记得确切的名字了。想想看，成百上千个极优秀的高中生，去做他们的科学项目，争夺最高的大奖。有个小女生在我一次演讲结束时站

① 英特尔科学奖，素有“小诺贝尔奖”之称，是全美公认要求最高、最精英的高中科学研究竞赛。

② 西屋科学奖（West House Science Prize），被称为“美国中学生的诺贝尔奖”。

了起来，她清楚地知道所有关于互联网的知识，也一直在使用互联网，她说："我们要感谢您对互联网的贡献，但我们有一个问题，是我们最想问的。"我就问："是什么问题？"不过想一想的话，一个 15 岁的小孩会这么看事情，也并非没有道理。她问道："您是如何说服世界各国政府让您建立互联网的？"我以前从来没想过这个问题，因为我不会去试图解决这样的问题。实际上，我是这么回答她的，我说："你可能不会喜欢我的回答，因为当时没有人认为那是个好主意，除了那些真正在做这件事的人以外，我们几乎就是在闭门造车，我们不需要去协调所有事情，只需要研究人员和我们一起工作。我们有做这件事的能力，也有美国高级研究计划局的预算支撑。大多数情况下，我都是在顶层负责这件事。我们也得到了批准，所以说从上到下都很支持我们。可是直到很多年后，才真正出现了这种扩张。"假如有人对我说，"我想把每天工作时间延长两到三个小时，你能和我一起吗"，我甚至都不会考虑这个问题，因为这是要干什么，是要改写物理定律吗？这种事情是不可能发生的，有些事情不在我们的能力范围之内，即使是靠个人魅力或者个人成就也不行。在这方面我的看法一直很明确。其实现如今有很多问题，我和各种各样的人谈过，他们会说我们要为某些事情做些什么，假如看不到我要付出的努力能够达成目标，我基本上就不会参与。由于我在一些组织中扮演的是领导者的角色，花了很多时间，所以经常有人会问我："我们要在商场里游行示威，您能来吗？"我会这么答复："我宁愿通过某种途径，去和你们打算呼吁或说服的政府官员直接谈，而不是在那边喊'不，不，不'，去争取那百万分之一的可能性。"

访谈者：您在麻省理工学院只待了两年？

鲍勃·卡恩：我大概是1964年9月开始在麻省理工学院执教，1966年9月离职。

访谈者：您在麻省理工学院工作的同时也在AT&T公司和贝尔实验室工作？

鲍勃·卡恩：不是，那是我在麻省理工学院执教之前的事。在贝尔实验室短暂工作过一段时间后，我就去读研究生了。在研究生院的时候，我有两个暑期在贝尔实验室工作，加起来总共有三段时间。后来从普林斯顿大学毕业后，我去了麻省理工学院执教，在那儿待了两年，直到第二年年底开始休假。

访谈者：您不喜欢当教授或者不喜欢教书吗？要不然为

什么两年后您就加入了 BBN[①]？

鲍勃 · 卡恩：你这是听谁说的？不对，我非常喜欢教书。学校里所有老师都很厉害。我记得在我旁边办公的是欧文 · 雅各布斯[②]，他是两家著名大公司的创始人，一家是通信技术咨询公司 Linkabit[③]，实际上这家公司是他、安德鲁 · 维特比[④]和伦纳德 · 克兰罗克一起创立的，我记得是在 20 世纪 60 年代；后来他卖掉了这个公司，又创立了高

① BBN，即 Bolt，Beranek and Newman 公司的缩写，是一家位于美国马萨诸塞州的高科技公司，建立于 1948 年，由麻省理工学院教授利奥 · 贝拉尼克（Leo Beranek）、理查德 · 博尔特（Richard Bolt）与其学生罗伯特 · 纽曼（Robert Newman）共同创建。因为取得美国高级研究计划局的合约，它曾经参与阿帕网与互联网的最初研发。现为雷神公司的子公司。

② 欧文 · 雅各布斯（Irwin Mark Jacobs），1933 年 10 月 18 日生于美国马萨诸塞州。美国高通（Qualcomm）公司创始人之一，前董事长，是码分多址（CDMA）数字无线技术的先驱，拥有 14 项码分多址专利，现已退休。

③ Linkabit，一家通信技术咨询公司，开发应用于军用卫星通信领域的技术。

④ 安德鲁 · 维特比（Andrew J. Viterbi），1935 年 3 月 9 日出生，1939 随父母移民到美国。"码分多址之父"，电气和电子工程协会成员，高通公司创始人之一，高通首席科学家。他以开发了卷积码编码的最大似然算法而享誉全球。

通[1]，这家公司到今天一直是无线通信领域的领军者。欧文的办公室就在我旁边，他旁边的办公室里是约翰·沃曾克拉夫特[2]。约翰实际上是我们这群人的负责人，我对他非常了解。他和欧文写了一本与通信相关的书，叫作《通信工程学原理》，这本书非常好，现在仍然是一本重要的教科书。

约翰·沃曾克拉夫特旁边的办公室是克劳德·香农的办公室，下面的大厅里的办公室是范·雅各布森[3]的，大厅对面的办公室是罗伯特·卡约[4]的，他们都是各自领域里的大咖。这个团队里的人真的很厉害，我可能是当中最年轻的。

---

① 高通（Qualcomm），创立于1985年，总部设于美国加利福尼亚州圣迭戈市。高通公司是全球3G（第三代通信技术）、4G（第四代通信技术）与5G（第五代通信技术）技术研发的领先企业。

② 约翰·沃曾克拉夫特（John M. Wozencraft），1925出生，电气和电子工程协会终身研究员，麻省理工学院名誉教授。他与欧文·雅各布斯合著的《通信工程学原理》一书，引发了通信工程师对数字通信的思考方式的革命。2006年被授予电气和电子工程协会贝尔奖章。于2009年逝世。

③ 范·雅各布森（Van Jacobson），TCP流量控制算法的提出人，该算法使得网络规模可控。

④ 罗伯特·卡约（Robert Caillau），和蒂姆·伯纳斯－李（Tim Berners-Lee）联合创建了万维网，并为苹果Mac电脑开发了第一款Web浏览器。

约翰 · 沃曾克拉夫特是一位非常棒的导师。他的门总是开着的，他说什么时候想过去就可以过去找他，我经常去。我记得有一个故事，有时我会把正要解决的问题写在黑板上，他似乎对有的问题很感兴趣。有时他会自己写文件，甚至连头都不抬，我当时脑子里就打了几个问号：我是不是打扰到他了？是不是让他感到厌烦了？后来有一天我选择直接去问他，我说："我能问你个问题吗？有时候我在黑板上解题的时候，你会站起来主动和我一起努力，抹掉这个，变一下那个，这样试一下，那样试一下；可有时好像我都不能吸引你的注意。不过你从没要我走开过，你能解释下是怎么回事吗?"他说："你瞧，你研究的问题都很有意思，可是有时候，假设你有一个问题，你想找出特征值，一个很复杂的方程，如果我不知道要用这个问题的答案做什么，我就很难有动力和你一起研究那个问题。要是我告诉你答案是 1.3 和 2.4，你会用这些答案做什么？有时候我确实能看出来该怎么去用，这就会让我非常感兴趣。"然后他又没来由地说，因为我没有问过他，他认为那些对社会影响大的人是知道如何影响社会的人，如果我想在麻省理工学院获得终身教席，需要做的不是去证明我很聪明，因为这里的每个人都很聪明，而是去证明我知道如何做一些能改变社会的事情。我就回答说："你说得很有道理，那你建议我该怎么做?”他又一次无缘无故地说:“如果我是你的话，我会请一年或两年的假，然后再回来。这期间找到那些懂得如何改变社会的人，并向他们学习。”所以说，这是促使我去休假的原因。不是我不喜欢教书，事实上，我很喜欢，特别想回去，但是我最终决定去一家小公司，就是 BBN 公司。公司里根本没有和我同领域的，我是唯一一个研究通信技术的人，那时候这个领域刚刚开始与计算机融合。后来有更多通信领域的人加入公司，原来是因为美国高级研究计划局，我后来去了那里工作。当时他们对创建计算机网络非常感兴趣，我并不了解什么情况，但他们对全国几乎所有的计算机研究都有所支持。他们想要建一个网，这样他们就可以把一些交互计算机连接起来，然后研究团体就可以弄清楚计算机如何能够进行交流，弄清楚那样能做什么。他们所需要的网络要最后真正得以实现。我后来去的时候，对计算机网络真正产生了兴趣。不是因为我了解到了美国高级研究计划局要做什么，而是因为我觉得这确实很有意思。

我所在领域的很多人都对我说，我这是在放弃我的事业。因为在 20 世纪 70 年代，可能是在 60 年代中期，好像真没有必要去建那种网，其中也没什么商业机会。AT&T 的人当然不会感兴趣，因为对于他们来说，当时这方面完全没有生意可做。这种事情必须得非常成熟才行。后来当这件事变得可行以后，他们才开始介入。这件事就是我的兴趣所在。当时公司里我所在部门的负责人就对我说，你来给国防部的高级研究计划局做提案吧？他们拿走了我写的那些备忘录，并将其中的很多内容纳入询价单中。我后来写了建议书的技术部分。当时发生了一系列非常有意思的事，因为当我第一次看到那份询价单的时候，一点都没意识到我会去参与构建这个网络，因为我不是做那个的。我当时觉得想要搞明白怎样去设计网络，是个吃力不讨好的无底洞。后来我是听从别人的要求写了那份建议书。之后我发现人们如果不理解设计原则的话，就很难真正把网络建设起来。于是我得出了一个结论，而且那一点我必须坚持，就是确保我们构建的东西能够真正地被利用起来。这其中还有一系列的问题，我们可以以后讨论，现在谈可能太技术化了。我最终决定留下来，不过我的想法仍然是等这一切都完成以后，我会回到麻省理工学院去。麻省理工学院实际上也给我提供了几个职位，让我以后回去继续执教。当时甚至还有过一个提案，让我们不得不考虑将美国国家研究创新机构出售给麻省理工学院或将其责任转移给麻省理工学院，但最后我们的董事会决定不那样做。无论如何，我最终留在了 BBN，直到我们把网建了起来，后来美国高级研究计划局聘请我到华盛顿去工作，成为其办公室的一员，我同意了，后来把办公室建了起来。

美国高级研究计划局应该是在1971年提出要聘用我，但我大约一年后才接受。因为我太忙了，我忙着1972年10月在华盛顿希尔顿酒店举办的国际计算机通信会议，这次会议我们需要演示所有这些技术，最后我们完成了演示。之后我直接去了波士顿，为1972年的选举投了一票，然后登上飞机。

访谈者：国际计算机通信会议，太厉害了。您是如何连接20台电脑，一起向参与者展示的？

鲍勃·卡恩：当时我们取得很大进展，我在BBN的时候，基于那份提案，我们拿到了合同，来建造网络的分组交换设备。美国高级研究计划局会去采购线路，将这些交换设备连接起来。交换机决定了网络的工作方式。我们的工作不是将计算机连接到交换机，而是让计算机能够连接到网络，以便让它们互相之间可以通信。这项任务被交给了高级研究计划局所支持的所有机构。他们还资助了一些开发研究协议的人，其实我就是这样才和瑟夫认识的。当时他在伦纳德·克兰罗克教授的实验室工作，之后他和他的一位同事斯蒂芬·克罗克[1]，还有其他几个人最终被高级研究计划局指派承担研究开发协议的任务，那在当时还是一个非常新的领域，即计算机之间使用什么语言来互相交流。他们提出了一种叫作 NCP 的方法，这种方法在阿帕网上运行得非常好，但是有一些缺陷，不能真正扩展到互联网环境。这就是开发 TCP/IP 的渊源。就这样，由这个小组来提出协议，然后所有其他的机构，主要是高级研究计划局所资助的机构的人，都被指定来实际解决如何连接他们的计算机的问题。而这次演示的全部努力，基本上就是将一个阿帕网节点放到华盛顿希尔顿酒店。当时是在酒店的舞厅里，我们搭建了一层夹层地板，做了所有的布线，拿到了连到阿帕网的其他链路的连接。当时计算机遍布在全美各地，已经连在阿帕网上了。我们所做的就是，为人们提供一种在希尔顿酒店舞厅使用阿帕网访问这些计算机

① 斯蒂芬 · 克罗克（Stephen Crocker），1944 年出生，早期互联网标准的制定者，组建了国际网络工作小组（INWG），也就是国际互联网工程任务组的前身。也是 RFC（征求修正意见书）系列备忘录的开发者，RFC 被用来记录和分享协议的开发设计。他还是互联网名称与数字地址分配机构（ICANN）董事会前主席。在 2012 年入选国际互联网名人堂。

的能力。我们设法拿到了 40 种不同类型的终端设备，从电传打字机到图形显示器，再到人们用来实际使用这些设备的各种东西。

不知道你听没听说过鲍勃·梅特卡夫，他在西海岸创办了一家名为 3Com 的公司，不过他最著名的事迹可能是创建了以太网[①]。他的工作任务就是让网络能在所有场景下使用，这也是我交给他的任务，去弄清楚人们会做什么。人们坐在某个终端前，会做什么呢？于是他就尝试各种各样的场景，试试这种，再试试那种，再试试这种……他在不同的机器上操作，就像人们穿过一个游乐园，在这边停一下，然后在那边停一下，再在这里停一下。他就是到了这个终端停一下，这边有一本书，在这个终端停一下，这边还有一本书，如此反复。有些人在操作机器，有些人在展示他们自己的能力，有些人得到了亲身体验网络的机会。这次演示主要就是要干这些事，但它花了我们大约一年

---

① 以太网，一种计算机局域网技术。电气和电子工程协会根据 IEEE 802.3 标准制定了以太网的技术标准，它规定了包括物理层的连线、电子信号和介质访问层协议等方面的内容。目前应用最普遍的局域网技术，分为两类：第一类是经典以太网，第二类是交换式以太网，使用了一种被称为交换机的设备连接不同的计算机。

的时间才完成，才得到实现。我们必须确保能在酒店里做所有的事情，满足所有规则，如何描述并显示所发生的事情，如何检查并确保阿帕网是在正常工作等。所有这些东西都是我们要努力去做的，是高级研究计划局委托的。当时是拉里 · 罗伯茨，基本上都是他在要求做那些事情。我曾向他提议，我们在春季的另一个活动中做演示，因为我认为那将会通过一种集合的方式，让大家去尝试各种使用情况，就像是施加一个外力，让阿帕网真正工作起来。虽然那时人们都在谈论阿帕网，但在 1969 年 9 月到 12 月之间，我们最开始只安装了四个节点，实际情况是，在 1969 年，几乎还没有机器联机。当时能做的最好的，可能就是接收一个包（packet）[①]，然后说我收到了，再把包丢弃掉，因为当时没有协议可用，没有应用程序在运行，什么都没有。所以问题的关键在于我们如何利用这套基础设施的基本组成部分，让所有的机器在网络上正常工作。这也就是当时那项任务的意义所在。到了 1971 年，我决定下一年我就要做这个，

---

① 包（packet），分组交换技术会将用户要传送的数据按照一定长度分割成若干个数据段，这些数据段被叫作"包"（或称"分组"）。——编者注

在高级研究计划局的支持下，我们并没有取得特别大的进展，仍然有很多机器没有联机或者不能正常工作。假如说阿帕网应该能做 15 件事的话，当时大概也就只能做 1 件事。于是我们花了一年时间，才基本上把所有的机器都连在一起。

访谈者：所以，在会议前一年，您已经在另一次会议上展示过这种东西了吗?

鲍勃·卡恩：在会议前一年，上级要求我们必须实现这一目标。最终，我们花了一年时间做到了。直到会议召开之前，差不多到了最后一刻，我们还在努力完成一些东西。

访谈者：但是您的演示可能是那次会议上最重要的事情。在您的演示中，20 台电脑同时连接了吗? 人们是否立即被说服，认为网络很重要?

鲍勃·卡恩：实际上，接近 40 台，甚至更多。我不记得 1972 年同时连接的电脑的确切数字，但我记得大约有 37 个节点，假设每个节点至少有一台计算机，那就至少有 37 台，但是可能每个节点上有两台计算机。

访谈者：您到底给人们展示了什么?

鲍勃 · 卡恩：很多场景，比如电子邮件会怎样工作，如何移动文件。还有就是一些应用程序。当时 BBN 做了一个应用程序，是一种空中交通管制模拟器，这样就可以在这边的显示器上看到一架飞机从这台计算机起飞，然后在另外一台计算机的显示器上着陆。那次会议展示的就是类似的各种各样的有意思的东西。

访谈者：在 1972 年，您如何在那里展示这个？就像四周每个人都在看着你。而且你没有幻灯片。

鲍勃 · 卡恩：那些在场的人自己去做，他们自己去体验，去尝试。他们自己体会阿帕网是如何运作的，不是我们去演示、去讲解。我记得有些时候是有人开发了应用程序，演示给那些想看的人看。但别的时候，都是人们自己用键盘去体验。

访谈者：所以，你们已经设置好电脑了？

鲍勃 · 卡恩：是的，没错。而且，在华盛顿希尔顿酒店里，那些搞网络的人大概待了整整一个星期，情况就是这样。每个人都体验到联网，我们确实成功了。

访谈者：在那个时候，一台电脑得有多大？是不是我在互联网档案博物馆看到过的 PDP[①] 那种?

鲍勃·卡恩: 阿帕网的网络节点是一台霍尼韦尔[②]机器，我记得是霍尼韦尔 516，这些是大型加固机器。它们看起来像是由熔化的钢材或类似的材质制成的大冰箱，很大很结实。人们担心这些机器会在码头装卸时掉下来摔坏，所以这些机器被做得异常坚固。但这些只是电传终端和一些图形或视频显示终端。人们可以在屏幕上看到一些字符。大部分的计算机都是在别的地方，我记得当时舞厅里没有那种用来计算的机器。老实说，不是每个人都觉得这是一个好主意。因为我记得我和当时从事信息系统业务的一些大公司的人谈过，提供信息的那种，他们不希望终端用户可以去到网络上的任何地方。他们想让人们去找他们。他们想给人们那种只能进入他们的系统

---

① PDP，全称为 Programmed Data Processor，即程序数据处理机，是美国数字设备公司（DEC）生产的小型机系列的代号。在计算机发展的初期，整个计算机产业就已发展到了相当的规模，但是计算机只有一些资金雄厚的公司和机构才能用得起，因为那时的计算机都是庞然大物，功能强大而复杂。1960 年，美国数字设备公司推出了首个小型机产品 PDP-1 设备。

② 霍尼韦尔，指霍尼韦尔国际公司（Honeywell International），一家《财富》全球 500 强的高科技企业，它提供的高科技解决方案涵盖航空、楼宇和工业控制技术、特殊材料以及物联网。

的终端，并提供一站式购物。

访谈者： 好的。那 1969 年，您去了加州大学洛杉矶分校，在那里遇见了温顿 · 瑟夫，然后在实验室里一起工作吗？

鲍勃 · 卡恩： 我去那儿测试部署的网络，其实我曾经去过好多次。我不确定是第一次还是第二次的时候温顿在，还是两次都在。不过，我大概就是去演示网络是怎么工作的。我们把节点放出去，人们可以连上来，那怎么知道所发生的事情呢？这应该是网络内部的事情，但我们需要一种方法来驱动它，不然网络通信量从哪里来呢？在加州大学洛杉矶分校的案例中，我们向使用者提供有关如何将他们的计算机连接到网络的说明。所以，就出了一份被称为 1822 号的 BBN 报告文件，我是这份文件的作者。文件中有一部分是描述用户需要知道的东西，从而能够理解计算机联网这一点，另外的部分描述硬件接口和软件需要做的事情，那份文件确实都做了详细的描述。文件上没有署名，因为很多人都有所贡献，但实际上是我写的。我必须得想办法告诉人们，那些建网所需要的必要的东西，而不是每一个细节。就像一本汽车用户手册，不是去详细告诉人们引擎是如何运作的，扭矩是如何产生的，转速是什么意思，而是包括车钥匙是用来开门的，方向盘是开车时掌握方向的这些内容。那是一次在文档方面的最小化尝试，那项任务就是要做那个。我们需要告诉人们让计算机联网正常运转所必需的知识，这样他们就不会有大堆大堆的问题。当时我们成功做到了这一点。

对于加州大学洛杉矶分校那边，我们必须赶在春季前弄出来，这样人们就有足够的时间在那些节点出现的时候构建网络。我们有九个月的时间来建造它们，这是高级研究计划局规定的时间，我们后来按时交付了。当时不是我做的。BBN 有一个团队都在忙着解决这个问题，管理这个团队的人是弗兰克·哈特[①]，他非常擅长挖掘团队的工作潜能，做到准时交付。我去那边的目的，是要论证和演示我们交付的东西可以正常工作。加州大学洛杉矶分校的迈克·温费尔德（Mike Wingfield）已经建立了连接大型主机 Sigma 7 的接口，这个接口刚刚出现，而且必须有人编写软件来驱动它。温顿·瑟夫做了这件事，写测试软件，这样它会去生成流量。是这样的，我们有种方法在节点内部

① 弗兰克·哈特（Frank Heart），美国计算机科学家，1947 年进入麻省理工学院攻读电力工程，毕业后参加“旋风”电脑研制工程。在林肯实验室工作了 15 年。1967 年加入 BBN 公司。哈特带领的小组制造出了世界上第一台 IMP。他为 BBN 工作了 28 年，1995 年退休。

自己生成流量，然后将其反弹回来，或者丢弃。我们进行环回测试，目的是为了确保网络能够正常工作。不过请注意一点，当时还没有协议，没有任何连接，我们所能做的，就是看到数据包过来了，仅此而已。这就是为什么伦纳德 · 克兰罗克教授可能在他的采访中，谈到了他做过的一次演示，我不知道他是怎么描述的，他可能会说，先是试着登录到一台斯坦福研究所的计算机，我们先发送一个 L，试着去登录。输入 L，输入 O，然后计算机就崩溃了。其实并没有登录任何东西，也没有什么东西可以去登录，只是简单地发送了字母 L；另一端的人说，“我收到了一个 L”，“哦，我收到了一个 O”，“坏了，什么东西崩溃了，怎么回事啊?”我们提前在 BBN 内部做了很多测试工作，我们同时也在展示，不过不是用外边的机器。所以那次是第一次在外边的机器上进行测试。

访谈者：所以，您去了加州大学洛杉矶分校，那是您做测试的地方吗?

鲍勃 · 卡恩：我想我至少去过两次。1969 年 9 月，第一个 IMP 送达之后，我去帮忙检查。我们又做了一些测试。12 月，犹他州安装了第四个节点后，我又去了一次，一共有四个节点了。加州大学洛杉矶分校有一个，斯坦福研究院有第二个，加州大学圣芭芭拉分校有第三个，然后第四个是犹他大学。第二次尝试是确保网络作为一个整体能正常工作，因为第一次测试只是用加州大学洛杉矶分校的 IMP，看看它是否能正常工作。

访谈者：您知道伦纳德·克兰罗克教授在那里测试。他收了一个研究生，发送了“L”和“O”到斯坦福研究院的两台电脑上。一些人开始说，这是互联网历史上的里程碑。您怎么看?

鲍勃·卡恩：伦纳德·克兰罗克教授会用那种方式去描述。对于互联网，我认为它作为一种“多个网络之间的网络”，就像人们所认为的那样，是直到出现多个网络的时候才出现和形成的。当时我们只有一个网络，也没有任何协议，所以我认为当时离我所认为的网络的开发还有几年的时间。所以，伦纳德展示的是他可以通过网络发送一个字母，并且接收到那个字母。这是一个重要的里程碑，不一定是第一个，不过可能是做到第一次从一台外部计算机发信息到另一台外部计算机。

在阿帕网的发展过程中，拉里·罗伯茨是绝对的主力，我特别认可他。因为对于将来事物的发展，他有特别全面的观点和看法，他也是那样去做的。拉里可能是在想，那时候大家所做的，预示了互联网的到来。他甚至可能会说那就是互联网。我认为那不是我所理解的互联网，不过也确实展示了计算机网络能够做什么，所以我觉得他说得对。这些是人们思考一些问题的方式，历史学家无疑会把这些问题弄清楚。正如我之前所说过的，有那种说互联网是种全球信息系统的定义，谈到过 IP 地址。我们那时候还没有提出 IP 地址的概念，甚至还没有最初的阿帕网协议，更不用说互联网协议了。所以我觉得大体上，伦纳德是在说他在其中起的作用很重要，他们在加州大学洛杉矶分校做了很多重要的工作。但我不会像他那样说。当然我认为从历史的角度来看不能抹杀他的功绩，他在其中确实起到了重要作用。

访谈者：当然。您最重要的工作是从和温顿 · 瑟夫合作开始的。您是否在第一次见他的时候就感觉到可以和这个人合作，一起做点事？

鲍勃 · 卡恩：我认为那不一定是我最重要的工作，因为我认为自己是在细节上负责阿帕网系统设计的人。在很多方面，拉里 · 罗伯茨是系统的构建者。我的意思是，我想把功劳都归功于他，因为他放弃了林肯实验室的工作，来到高级研究计划局，最终创造出了阿帕网。这应该归功于他。拉里也参与了一些细节，他参与了网络配置，减少延迟，他在最开始做了一些选择，例如网络的半秒延迟或者类似的什么东西。如果我要做个比喻的话，把它比作我们的太空项目，我并不是说拉里是约翰·肯尼迪[①]，但是约翰·肯尼迪建立了一切的基本规则。他没有去实现这些规则，没有人会认为约翰·肯尼迪是一个火箭设计师或者实现计算控制的人。所以拉里也是这样，他没有真正去着手做很多，但他做了很多总体监督的工作，就像在高级研究计划局所应该做的那样。拉里·罗伯茨曾经是信息处理技术办公室[②]的主任，后来我接替他成了这个办公室的负责人，所以我知道这个办公室能做些什么。但是你知道，有许多来自不同地方的人都参与了这个项目，所以从网络的角度来说，交流网络组件相对于整个电脑加上交流网络组件，都是一个个负责不同工作的小组结合起来的。所以我负责计算机网络组件的系统设计，我们还有一个在 BBN 的团队，参与了

---

① 约翰·肯尼迪（John Fitzgerald Kennedy），1917 年 5 月 29 日出生于美国马萨诸塞州布鲁克莱恩，政治家、军人，第 35 任美国总统。于 1963 年 11 月 22 日逝世。

② 信息处理技术办公室（Information Processing Techniques Office，缩写为 IPTO），美国高级研究计划局的核心机构之一，关注电脑图形、网络通信、超级计算机研究课题。

系统搭建。他们不一定做了我说的所有内容。实际上，我们花了很多时间去修复那些没有很顺利运作的部分，但我们的底线是它基本能够正常工作。当我和温顿共事时，基础开发已经到了最终阶段，我们在调试上线功能。那之后，我们开始了长达几十年的友好合作，而且这件事在我加入高级研究计划局之后鼓励了我，就是在拉里 · 罗伯茨邀请我过来，以及最终接管办公室这件事。我邀请温顿来在项目上与我共事，这个项目是将许多个网络连接起来。所以，当我开始在高级研究计划局工作时，我首先做的事情就是创建分组无线网络，某种程度上说这是蜂窝网络的前身。

我是高通公司董事会的候选人之一，因为我在无线电网早期就了解了很多相关知识，而这正是现在的蜂窝网络技术的前身，又直接导致了扩频的出现。但是那时我们在国际通信卫星 4 号（Intelsat-4）上有一个网络，实际上欧文 · 雅各布斯是负责协调的人。那时，我在进行无线通信的工作，他在做卫星通信的工作，我们为美国研究人员在与欧洲的联系上做了很多的工作。所以，我们最终在西弗吉尼亚州的以坦建立了地面卫星接收站，这是美国这边的；然后在英国康沃尔郡的贡希利、瑞典的塔努姆、德国的赖斯廷、意大利的富奇诺都建立了地面站。我们试着把这些不同的研究机构整合起来，这是一个很好的方式，因为这种串接线在政治上是不行的，因为那时有些规定，谁要和谁联系，就需要什么许可。所以有了这三个网络，我就参与了其中两个的细节设计，欧文·雅各布斯设计第三个。但我是信息处理技术办公室的主管，要处理许多行政问题，写一些文件，考虑要在政治上解决哪些问题才能实现。如果你有兴趣，我可以给你看一份这样的文件。

但问题是，这些网络应该如何共存呢？为什么一定要共存呢？如果你在 1972 年使用无线电网络（radio network），是不会使用计算功能的。因为通常计算机会有整整一个房间那么大，还需要空调。所以，要有很大的包才行。那时我们没有像现在的手机之类的东西，什么都没有。所以，如果你用无线电网络，就很难访问并使用阿帕网的计算机，我们最终将封包无线电网络（packet radio network）连到了阿帕网上，才得以实现。美国研究人员都用阿帕网，所以如果封包无线电网络要接往欧洲，那么欧洲那边连接到阿帕网就是基本要求。事实上，我们成功了。我们需要更多的网络连接以连接到卫星，然后再连到阿帕网，与研究机构连通。一开始时，高级研究计划局根本没有这个方面的项目，所以所有的互联网络早期工作都是无线电网络项目的一部分，因为我们需要无线电网络实现这个功能，连接阿帕网，这样才是合法的。

但一旦连接上，人们见证到这种力量，就有可能开展第二个项目，使互联的网络项目正式合法。这是发生在 1974 年的事情。我认为这是网络正式合法的第一年，也是互联网发展的真正开端。

我和温顿·瑟夫在架构上展开了合作，合作建立了构架，以及怎样才能使协议在所有的网络和计算机上生效，最终应用能够共同工作，这是一个持续了多年的合作。实际上，稍后温顿就加入了高级研究计划局。我在 1972 年 10 月底加入了高级研究计划局，温顿·瑟夫应该是 1976 年 9 月或 8 月加入的。在那之前他从加州大学洛杉矶分校去了斯坦福大学，做了副教授，但他发现了自己的爱好，并加入了高级研究计划局，在那里工作到了 1982 年。之后他去了 MCI 公司[①]。再然后他来到美国国家研究创新机构继续和我合作，那时我刚刚建立这个机构，大概是在 1986 年 6 月。之后他一直在这里工作，直到大约 1994 年 1 月他离开，并再次去了 MCI 公司。

访谈者：1973 年的几个月里，你们两个一起合作 TCP/IP。当时情况如何？

---

① MCI 公司，一家美国电信公司，现为威讯（Verizon）通信公司的子公司。

鲍勃·卡恩：我们相处得很好，不过原因是通常我会较早地让步。当我在 BBN 时，我真的非常担忧我们在互联网上使用的协议。记得嘛，我在阿帕网的背景，在通信方面的背景。也许没有其他通信工程师能够设计一个像阿帕网一样的协议了。因为，通信工程师总是担心发生错误怎么办，怎么重建通信。在无线电技术最开始的时候，很多人以为这是在很久之后才发生的，但其实在无线电信号产生的第一天，它就会被很多不同的内容所干扰。可能会被静电干扰，或者位置干扰，例如山的后面，隧道里面，或者被军事环境干扰，有各种可能会影响无线电信号。在使用商业线路的阿帕网时，这些问题必须要考虑，如果线路突然要穿过隧道，或者是山的后面怎么办。所有的错误都是在线路上发生的，可以在另一端被修正，或者你可以重发信号。但是对于互联网环境来说不是这样。你需要一种解决方法。我集中精力在想这个方面，虽然还不是从互联网的角度，而是从试图为阿帕网设计更好的协议的角度。因为数据是会丢失的，理论上阿帕网上数据包是会丢失的，然后在别的地方出现。就是说，虽然可以重发，但是数据包丢了，因为有些东西出问题了，他们以为确认了之后数据就到了，但其实没有。许多方面的事情都可能造成这种问题。所以我在 BBN 写了一篇论文，叫作“操作系统”

或者是“操作系统的通信原则”之类的名字，我不记得确切的题目了，不过鲍勃 · 梅特卡夫在哈佛大学的博士论文引用了我那篇文章。鲍勃 · 梅特卡夫在做一些早期工作时读了这篇文章，这些工作后来导致了以太网的诞生，通信原则这个概念真正登上了舞台。因为在以太网中，就像在无线电网中一样，不论是通过无线电网还是管道，都会发生崩溃，导致数据丢失的情况。你需要更好的方式，而不是继续用这个跟你的计算机和行式打印机之间一样的破协议。因为如果你想要在这种有线的行式打印机上打印东西的话，你知道的，那种齿轮一样的结构，会咔嚓咔嚓地把纸传出来。如果发生了错误，你会说是打印机坏了，然后按下重启键，再来一次。但是在网络上进行通信，你肯定不会希望在每次发生错误，有数据丢失时，都需要全部从头再来一遍。所以我想，如果有机制能控制这些错误就好了。怎样才能把这个写进操作系统里呢？所以我就写了那篇有趣的论文。这就是驱动我的力量。这个想法，还有多网络环境的设想，这两者结合起来，在某种程度上是互联网协议的概念基础。

你可以读布赖恩 · 里德（Brian Reid）写的一篇名为“互联网简史”之类的文章，可以在网上找到它，其中讲述了那时的一些贡献。但我那时还没有做好准备让自己走上这条实践的道路。首先，我不可能在高级研究计划局完成这项工作，因为我去的时候，他们在做一些其他的网络。现在我扮演的是一个更偏向管理的角色，就像拉里·罗伯茨之前一样，虽然我挤出了一部分时间做技术方面的工作。这在那时可能不太寻常，但我就是做这些的，我知道我需要别人的帮助，因为我不可能一个人完成，所以我找到了温顿·瑟夫，问他是否有兴趣和我合作一起解决这个普遍存在的问题。他回忆说我们第一次会面是在斯坦福，这完全是有可能的，但他记得我问的问题的层面是，是否愿意共同合作，而不是具体到怎么做 A 怎么做 B 怎么做 C。我记得在第一次会面中，我们谈到了一些具体的细节，是在纽约，在希尔顿饭店，在纽约宾州车站的对面，第七大道和 32 号街路口之类的一个地方。那里当时正在举行一场全国计算机会议，温顿·瑟夫在那里参与解决国际协议的工作。我们达成了共识，应当共同合作改进这个协议的细节。这个协议就是后来的 TCP/IP。那时我们已经知道需要网关和端对端协议，这就是这个协议工作的关键之处。我们想出了这个概念，基于窗口的八位字节流。后来温顿为我们筹到钱，从而使得我们能够将其写出来，包括一些细节，一些细则的实现。

我们最先写的那些文档，那篇众所周知的论文，最初是在 1973 年的夏天写的，我们是在帕洛阿托[①]的凯悦酒店一楼的舞厅写出来的。实际上，这家酒店没有重新装修过或重建过，但是如果你去到一层，有一块牌子，在某个舞厅里，也许就是我们写论文的那个舞厅，可能换了名字，现在叫作“阳台”，那个时候叫作“种植园”或者类似的名字，名字都不一样，但是都有夏威夷风格。我们就坐在那里写论文。我们的论文是一篇综述，不是很详细，如果两个人各写了一部分，就应该算是合作。我们需要讨论一段时间，怎么表达这个怎么表达那个。虽然并没有很多细节，我们只是想描述一个基本的想法。如果你写一篇关于美国的论文，你说需要三权分立，并不会详细地描述高等法院、法院系统等，而会以一个更宏观的角度去写。我们就是这样的。但是在讨论如何实现的时候，我们有了更多的细节。于是细则诞生了，我们在高级研究计划局之外签了协议，三方一起来做最初的建设。其中一方是温顿在斯坦福大学的小组；第二方是 BBN 的一个小组，也就是我这一边，但不是建立阿帕网的那个团队，人员是不同的，也不是建立封

① 帕洛阿托（Palo Alto），又译帕洛奥多或帕罗奥图，是美国加州旧金山湾区的一座城市。

包无线电基站的团队——该网络的另一个组件的那个团队，这是一个不同类型的计算机团队；第三方是在欧洲的由彼得·柯尔斯坦[①]管理的团队，他现在应该是伦敦大学学院的名誉教授。但我记得那时他在另一所大学，那时那所大学还不是伦敦大学学院的一部分，后来这两个学校合并了。彼得和他的团队写了第三部分，所以我们对三个不同的机器有三个独立的实现，最后我们认为它们可以共同运作。这个工作是在高级研究计划局之外完成的，温顿作为实践者，和这些人共同工作，他那时一直在做测试之类的事。在那时，我认为是不可能在高级研究计划局之外做这种事的。就像我在 BBN 和加州大学洛杉矶分校与那些人一起去抗议时所做的一样。拉里·罗伯茨没那么做，我也不会那么做。

访谈者：这是一篇革命性的研究论文，是一篇综述。

鲍勃·卡恩：这篇论文不仅仅是一篇综述，它其实比较

---

① 彼得·柯尔斯坦（Peter Kirstein），1933 年出生，“欧洲互联网之父”。他于 1967 年创立了伦敦大学学院的网络研究小组（NRG），之后建立了欧洲第一个跨大西洋 IP 连接的阿帕网节点，伦敦大学学院的网络研究小组成为美国以外唯一一个将计算机连接到阿帕网的组织，2012 年入选国际互联网名人堂。于 2020 年逝世。

清晰地描述了工作原理，但没有讲如何实现的细节。它是在鲍曼罕见书籍网（一个出售罕见书籍的网站）中被引用次数最多的科学文献之一。我不知道现在的引用数量，但我看到有排名说爱因斯坦的相对论论文是最有价值的一篇，一篇量子力学的论文排第二，这一篇排第三。所以排名还是很靠前的。我不知道现在排多少名了，也许有更重要的论文出现，但是我知道，刊登这篇文章的原版期刊可以拍卖出很高的价钱，如果拍卖时里面有这篇文章的话。你知道，在某个时间，是很久以前了，这本期刊值 7000 美元到 8000 美元，我最近发现这个价格已经超过了 1 万美元。真的，有很多人来找我说，我能不能在 100 篇或者 50 篇这个文献上签名。他们会付给我钱，按每篇多少钱算。这个数额是很大的，我感觉光靠签名就能赚 5 万美元到 10 万美元，而且其中一些只是复印的版本。

访谈者：这是一个非常有意思的想法，我们正在考虑 50 周年纪念。我们会举办一次大活动，这是个好主意。

鲍勃 · 卡恩：温顿 · 瑟夫和我曾经聊过这个问题。我们经常给别人签名，比如一个学生突然跑过来让我们签名。但有人用这个来赚钱或是转卖，我们觉得这种感觉很不好，拒绝这样。

访谈者：这是一份非常具有革命性的论文，非常好。您还记得您和温顿·瑟夫在论文上的一些主要分歧是什么吗？最终如何达成一致？

鲍勃·卡恩：温顿和我很少有真正的分歧。从概念上来说，他参与了很多政治事务，我们经常会彼此开政治方面的玩笑，你对某事怎么看之类的。我们在政治上会有一些分歧，比如他可能会说我们在这里就应该什么都不做，我可能会说我们应该做，或者反过来。或者他会说……我不知道他会怎么说，我们不大有这种分歧，我刚才说的不是真正发生过的例子。我们之间大多数的分歧都是在我们寻找到底同意什么不同意什么的过程中产生的。虽然我一直是负责人，他在高级研究计划局确实是我的下属，在美国国家研究创新机构，他也是我的副主席。但大多数时间，我和他的关系主要是同事关系，是平等的。这是一个真实的例子，有一次我跟他说，温顿，我希望事情应该这样做。他说，我们不可能那样。我就会说，我不知道你为什么会这么说，但是我们只需如此如此就可以。我们最终发现，无论何时发生这种事，我们最终都会达到一种完全想不起来最初的冲突到底是为什么的状况。原来他假定我一定会感兴趣的一些事，或者我以为他会感兴趣的事，我们彼此一说清楚，问题就解决了。我给他一个东西，说我想让你做某事，他以为我是让他在一两周内就做出来，但他在这段时间可能根本就不在这边，或者根本就不可能实现，这件事有可能要花六个月才能做完之类的，而我这边想着，可以花三五年，没关系的。但是我不会都说出来，他也不会说出来，所以我们就会马上起冲突，因为他以为我让他做一些不可能完成的事，而我根本不懂为什么三五年都做不成这个事。所以这种事会发生得很多吗？本来可以很好合作的人，但是因为没说出来该说的事而吵架。如果我知道他什么意思，就不会那么说了，而他也是这样，然后误会就解开了。他会说，好吧，如果是三五年就没问题，让我们开始吧。

访谈者：我觉得在某些事情上有一些分歧是很自然的。不存在分歧几乎是不可能的，对吧？

鲍勃·卡恩：没有那么多分歧，只是存在一些误会。从做的事情本身上升到另一个层次要花很多精力，就是意识到你们是在对这个内容进行精神层面的交流，然后再回到讨论本身，事情就变得很简单了。

访谈者：这篇重要的论文，你们是如何决定谁应该是第一作者，谁应该是第二作者的？

鲍勃·卡恩：事实是我们在温顿·瑟夫在斯坦福大学的

办公室里讨论的，我记得是他的想法，就是抛硬币。他说这很有趣，因为一般来说都是按姓名字母排列的，而这样瑟夫（Cerf）就会排在卡恩（Kahn）前面。所以他本来可以说按字母排的，但是他没有，他说要抛硬币，我们就抛了，他赢了。如果你去看那些我们早期写的关于协议的论文，在用 TCP/IP 这个名字之前，我们只称之为 TCP，因为 IP 的部分是绑定在里面的。我们没说要把 TCP 单独列为一个模块进行协议，它的功能在路由之类的方面和 IP 是一样的。但是它们是一个模块，而不是两个。所以，我们抛了硬币。所有早期的论文中，都将其称为卡恩—瑟夫协议。我不知道为什么起这个名字，可能是因为我是办公室负责人，他是下手……我不知道，但如果你看存档，如果能找到相关内容，你就会发现早期的文献里都将其引作卡恩—瑟夫协议。对我来说无所谓，谁先谁后都可以。但这确实是我们共同合作创造的结果。温顿在实际实现的过程中参与得要比我多得多，我主要是做一些管理指导工作，从宏观角度去把控。当然，我还邀请他加入了高级研究计划局。他在 1976 年接手了那些项目，在那一段时间内管理这些项目，并汇报给上级的我。然后他在 1982 年离开高级研究计划局去了 MCI 公司。我接手了他在做的东西，并且带着布赖恩·里德工作了一段时间，之后将很多任务交给了他。

访谈者：所以当这个 TCP/IP 出现的时候，我们都在谈论它与 OSI（开放式系统互联）的竞争。能否谈谈 OSI 和 TCP/IP 之争？

鲍勃 · 卡恩：其实我不太想谈这个问题，因为这个与采访的主题并不太相关。有很长一段时间，全世界遵从的都是国际电信联盟①或其前身国际电报电话咨询委员会②制定的标准，或国际标准化组织③制定的通信标准。这在下游引发了难以置信的数量的问题，比如这些机构是否应该在其中起那么大的作用，如果是的话，它们应该起到什么样的作用。这已经完全是另外一个话题了，涉及网络治理的问题，应该谁说了算，它们在私营部门中应该起到什么作

① 国际电信联盟（International Telecommunication Union，缩写为 ITU），简称国际电联，是联合国负责国际电信事务的专门机构，也是联合国中历史最悠久的国际组织。其前身为根据 1865 年签订的《国际电报公约》而成立的国际电报联盟。1947 年，国际电信联盟成为联合国的一个专门机构，总部从瑞士的伯尔尼迁到日内瓦。

② 国际电报电话咨询委员会（CCITT），在国际电联的常设机构中占有很重要的地位，1956 年，国际电话咨询委员会（CCIF，成立于 1924 年）和国际电报咨询委员会（CCIT，成立于 1925 年）合并，组建了国际电报电话咨询委员会。

③ 国际标准化组织（International Organization for Standardization，缩写为 ISO），成立于 1947 年，是一个全球性的非政府组织，是国际标准化领域中一个十分重要的组织。

用，国有组织是否应该参与其中。正如我所说，这已经完全是另外一个话题了，从当时的情况来看，我认为与我所处的背景基本上没什么联系。如果你想谈的话，我们可以谈。不过实际上，我认为这已经是另外一个话题了。国际社会上也做了一些工作，我觉得他们可能是了解到或者听说了我们所做的 TCP/IP 方面的工作。他们想做一套自己的协议。他们的努力和工作成果都归集在 TP0、TP2 或 TP4 这样的标签之下，目的是开发传输协议，据说是要做 TCP 所做的事情。我觉得他们对 IP 的定义有不同的想法，现在是碎片还是非碎片的问题。其中有些东西最终在早期的国际标准化组织协议描述中得到了体现。

我看了最初的七层传输层，最直接的反应就是这对互联网起不了任何作用。他们所做的是虚拟电路模型。假如想从 A 到 B 进行对话，就得建立一个电路，就是旧的电话系统的那种工作方式。我的问题是，IP 怎么兼容呢？他们说，嗯，不能兼容。然后他们就回去做了另一个版本，修改了一部分内容，就是第二层传输层。可能第二层实际上出自国际电信联盟或国际电报电话咨询委员会。第三层有一部分适用 IP 的东西，他们对其进行了修改，所以现在有一个传输层适用 IP。我认为他们不是全心全意地支持这件事，所以就引发了一场大讨论，因为参与该工作的人试图定义国际协议究竟应该是什么样的。我记得这些人部分来自加拿大，还有一些是来自英国、法国等地的欧洲人。温顿也参与了讨论，但我不知道这件事，当时也不知道他参与了这个讨论。然后，他们走了一条路，我跟着温顿走了一条路。我记得，温顿很明智地说："我们已经进入一个阶段，做出了一些实际的东西。"他是为了我们才这样的，所以我们继续在高级研究计划局推进这个路线。我不喜欢另一个模型，后来有人抱怨说我们拿走了他们所有的东西，并放在了我们的技术里。我本人完全不知道他们的那些东西，不知道任何细节，那时也从没看到任何关于他们那边内容的文档或实物，但可能温顿看到过。他可以自己说明。我的观点是，这是一个我方和他们之间的合作，算是我们共同的成果。之后发生的事情是，1973 年 9 月，我们在苏赛克斯大学的一场会议上发表了那篇关于 TCP 的论文，那是一场 NATO（北大西洋公约组织）研讨会，由一位名叫理查德 · 格里姆斯代尔的教授主持。我去那里参加了 NATO 研讨会。在 NATO 研讨会举行的同时，有一个叫作国际网络工作小组（INWG）的组织举办了一场会议。当阿帕网最初完成时，斯蒂芬 · 克罗克建立并管理这个国际网络工作小组。后来斯蒂芬去了高级研究计划局，管理一些高级研究计划局的项目，这是在温顿去高级研究计划局之前的事了。

我估计，斯蒂芬在1973年左右离开了高级研究计划局，去了加利福尼亚。但是那个国际网络工作小组明显是想再建立一个国际协议的版本，在那时，大家是偏向互联网协议的方向。我没有参加这个小组，也不了解这件事，但是温顿拿了我们写的论文，我认为他是出于礼貌，因为这个小组会和NATO研讨会共同开会，然后为了互通有无吧，他就把这篇论文发给他们了。他自己创造了一个好像是叫INWG 39号的文件，我不知道具体情况，但他把这篇作者为鲍勃·卡恩和温顿·瑟夫的论文发了过去。后来有人来说，我对于有没有参与这件事肯定是记错了，并拿出来这篇论文证明我曾经参与过这个国际网络工作小组，但实际上我没有。所以这只是温顿出于礼貌发给了他们。我认为，我们的演讲基本都是对研讨会的人员做的，而不是对国际网络工作小组的人。因为我不记得我参与过国际网络工作小组之后的任何活动。但有人抱怨说，他们本来应该成功的，没有成功只是因为高级研究计划局有钱。但其实你知道成功就是成功，我们成功地搭建了一个原本只有很少的美国和其他国家研究人员群体会使用的东西，然后这批人越变越多。然而国际标准化组织协议从来就没有这样的根基。美国政府中有部分人向我们承诺，一旦国际协议写好就能立即投入使用，但是这从未实现。为什么呢？因为他们有另外一批研究人员也想参与其中。一切都实现了后，对他们来说，成为这个大社群的一部分，而不是去创建一个单独的社群，只是一个“不用动脑筋”的决定。从来没有人带头尝试创建一个单独的。只有阿帕网成功了，互联网成功了，我们才有了今天的成就。

访谈者：这些真是令人惊叹。回想起来，在做信息处理技术办公室主任期间，您启动了数十亿美元的项目。后来还有国家信息基础措施，都是从这里开始的。您是怎么争取到政府的支持的？他们那么强有力地支持这项研究活动，我觉得那是我能想到的最大型的研究活动了，尤其是在那个时候，人们对互联网还不太确定。

鲍勃 · 卡恩：高级研究计划局的计算机项目从来都没有被批准过，可能也就被批准过一次超过 1000 万美元的软件项目。高级研究计划局在 ILLIAC-IV 计算机[①] 上花了很多钱，这是一个大型超级计算机项目，目的性很强，有非常具体的目标，即发展一个高性能计算领域，这确实是最早期的事情。我想我会将之归功于时任高级研究计划局局长

---

① ILLIAC-IV 计算机，第一台全面使用大规模集成电路作为逻辑元件和存储器的计算机，它的出现标志着计算机的发展已到了第四代。

鲍勃·库珀[①]。1981 年 7 月左右，鲍勃·库珀非常了解日本人为建设第五代计算机付出的巨大努力。当时国防部内部，对我们是否应该就此做些什么的讨论有很多，因为当时美国对计算机研究唯一真正意义上支持的，就是高级研究计划局。问题在于我们当时该做些什么。高级研究计划局内部有很多东西都在孵化之中。人工智能是其中之一，软件技术并没有真正成为重要的学科。与之相关的许多问题，与分布式系统相关的，1981 年的时候互联网还没有真正形成。如果不用力推一把的话，什么时候形成还不知道，于是我和鲍勃·库珀就应该做什么讨论了很多。他说我们应该做一个大的高级研究计划局项目，做那个项目是他的想法。

刚开始的时候，他找到我，不是说我是如何去说服鲍勃·库珀的。我已经和鲍勃·库珀说这一点有一段时间了，和高级研究计划局的主任们都说过，美国在信息技术方面的投入，已经从世界上最好的状态落到了临界水平以下。实际上，缩

① 鲍勃·库珀（Bob Cooper），罗伯特·库珀（Robert Cooper）的别称，1954 年获得艾奥瓦州立大学电气工程学士学位，1958 年获得俄亥俄州立大学电气工程硕士学位，1963 年获得麻省理工学院电气工程理学博士学位。1981 年至 1985 年担任国防部研究和技术助理部长，同时担任国防部高级研究计划局（DARPA）局长。

减对信息技术的实际支持，在很大程度上，是拜美国参与越南战争所赐。因为有很多大学不断抱怨，大部分的信息技术研究都是在大学中进行的。在国会和高级研究计划局各个主任层面的意思上，就是说，从现在开始，他们希望所有的东西都要与军事有所关联，而非仅仅局限于大学的研究，更进一步的话，就是他们想要有更多军事方面的应用。后来设立了很多项目，指挥和控制更加集中，军事方面的应用也变得更加集中。这样信息处理技术办公室在基础研究方面的项目被削减得相当厉害。所以，问题变成了如何建立这个项目。

我接手信息处理技术办公室主任时，我们在基础研究方面的资金大概也就相当于以前 25% 的水平，这是和我刚加入高级研究计划局或在那以后的水平相比。大量的工作都是在应用领域，还有更多的是集中在军事应用方面。看到这种情况，我就说："提高能力，做我们应该做的事情。"所以我在局里做的第一件事是创建了一个项目——超大规模集成电路[①]，我们架构和设计项目的主要目的是利用业界

① 超大规模集成电路（Very Large Scale Integration，缩写为 VLSL），指几毫米见方的硅片上集成上万至百万晶体管、线宽在 1 微米以下的集成电路。

正在形成的能力，不仅是美国，还在一定程度上包括一些海外国家，利用预期的优势，也就是亚微米技术。在 20 世纪 70 年代后期，典型的半导体技术大概是 3 微米的 N 型金属氧化物半导体（NMOS）。等到互补金属氧化物半导体（CMOS）出现时，线宽下降到 1.5 微米到 1 微米，现如今已经下降到大约 10 纳米，差不多是一个原子几倍的大小，真的已经很小了。有人在想是否还能继续变小。尽管现在很多人开始关注纳米管技术，不过也许有别的方法可以做到，或许前提也会发生改变。我也不知道将来会不会更微小。以后再看吧，不过目前就是这样。

鲍勃助手：您该休息了。

鲍勃 · 卡恩：如果她这么说，我必须休息了。

访谈者：好的。谢谢您，希望下次还能再采访您。

鲍勃 · 卡恩：好的。

第二次访谈

访谈者：方兴东、洪伟

访谈地点：美国

访谈时间：2018年7月11日

访谈者：这次我们去参观了阿灵顿阿帕网的纪念牌，我们听说牌子上的内容是您撰写的？

鲍勃·卡恩：是的，我参与了。我们中有小部分人讨论了在阿灵顿立纪念牌的可能性。1969 年 12 月，高级研究计划局被挤出了五角大楼，不得不在弗吉尼亚的阿灵顿地区租了一栋办公楼。当时高级研究计划局的主管斯蒂文·卢卡西克（Stephen Lukasik）和其他人一起进行了讨论，我也参与了讨论。

访谈者：这个纪念牌上的文字起草过几稿？

鲍勃·卡恩：至少 6 次以上吧，更多的是考虑选择“ARPAnet”还是“Internet”，或者两者的结合词。总之，有很多稿。

访谈者：这个牌是在 2008 年立起来的，有揭幕仪式吗？

鲍勃 · 卡恩：我觉得有，很遗憾我没有参与，因为那个时候我出去旅游了。

访谈者：那时候的阿帕网的办公室在哪里？

鲍勃 · 卡恩：他们把办公室搬到了弗吉尼亚州的阿灵顿，那地方离五角大楼开车的话不到 5 分钟。后来又搬进商业办公区，在威尔逊大道 1400 号，就是阿帕网那块标志牌所在的地方，这也是纪念牌放在那儿的原因。

访谈者：那我们来谈谈您当初参与互联网项目的契机是什么吧？

鲍勃 · 卡恩：在过去的几十年里，我一直致力于帮助互联网更好地管理信息，因此我们在日内瓦设立了基金会。这也是我参与的原因。我参加这个项目不是通过主动申请或者类似的方式。我在 1972 年加入高级研究计划局，当时他们刚刚提交一个自动化制造项目，可能涉及网络、人工智能、分布式传感器、分布式计算技术。遗憾的是，这个项目虽然被提交上去了，但没有被批准，所以没有开始过。那个时候，我在考虑是留下来做其他的项目还是回去教书，因为麻省理工学院在我初次离开之后仍给我留了回去任教的机会。后来我决定还是要参与创建更多的网络。于是我们在国际通信卫星 4 号上创建了一个能与欧洲研究人员联系的网络，被称为卫星分组通信[①]，这可能是从 20 世纪 70 年代中期开始的事；然后是另一个涉及地面封包无线电的卫星，类似于移动电话网络的前身，涉及扩频。我认为这是第一个在微处理器的层面上实现分布式处理的项目。我们做到了，而且很成功。然后我们就有了三个不同的网络：一个是基于固话线的阿帕网；一个是卫星网络，有不同的带宽、不同的接口、不同的错误情况；一个是地面无线电网络，而我们面临的挑战是让它们一起运作。因为在 1972 年到 1973 年，我们刚开始做这些事的时候，计算机主机非常大，那时是分时机器，它们需要很大的空间，像我们这个房间大小的空间，也许还得有空调。那时还没有便携式电脑，当然也没有手机。所以我们通过阿帕网来连接这些机器。如果你有一个无线网络，你需要把它连接到阿帕网以便访问那些机器。对于卫星网络另一端的人们也是如此，他们通常希望与使用这些计算机的研究人员互动。这就是我们开展研究项

---

① 卫星分组通信（satellite packet communications），是利用卫星信道以分组方式传递信息的通信。

目来寻求连接不同网络的方法的动机。我们从1974年起正式研究，但实际上在那之前我们已经花了一两年时间进行了一些非正式的研究。

访谈者：回到1967年，您那时候还在BBN工作，对吧？

鲍勃·卡恩：是的，我1972年才加入高级研究计划局。1967年的时候，我在BBN已经工作了8个多月，当时做计算机网络方面的工作，还没意识到高级研究计划局的人想做什么，但我从当时项目组的负责人杰瑞·埃尔金德（Jerry Elkind）那里听说他们对计算机网络感兴趣。他建议我把一些成果寄给高级研究计划局，让他们知道我在做什么，也许他们会感兴趣。当时我不知道他们正计划建立一个网络。在我把信寄给拉里·罗伯茨之后不久才知道他们的打算。当时拉里刚刚被高级研究计划局聘请来主持网络研究项目，他是项目参与者其中之一。鲍勃·泰勒是信息处理技术办公室的主任。拉里从鲍勃·泰勒那看到了我的信并做了答复，于是我们见面了，我得知他们正在考虑在我提供的文件的基础上实际构建一个网络。我的文件涉及很多话题，比如错误控制、缓冲控制、拥塞控制等，和他们的工作息息相关。

访谈者：您之前在麻省理工学院的时候见过拉里吗？

鲍勃·卡恩：没有，我在麻省理工学院的时候还不认识拉里。他当时应该在林肯实验室，林肯实验室以前是麻省理工学院的一部分，现在也是，那个地方在马萨诸塞州的列克星敦，离我大概有半小时的车程。我知道有他这么个人，但从来没有遇见过，没真正见过本人。

访谈者：能说说 BBN 为 IMP 项目所做的准备吗？

鲍勃·卡恩：当时高级研究计划局在 1968 年决定要在某个地方建立一个网络，并且有资金。基于研究目的，他们提出了报价申请，试图在里面详细说明他们想要做什么，也就是一个与分组交换技术相连的初始四节点网络。他们简要地描述了这一点，没有说明如何构建这些分组交换节点，但谈到了它的特性，比如不超过半秒的网络延迟，数据包可达千兆位，非常可靠，等等，并以当时被认为是非常高的每秒 50 千兆位的带宽处理数据。在 1968 年，他们提出了报价申请，有能力的公司可以竞标。

我当时在 BBN 只待了很短的时间，完全没想到自己会参与这个网络项目的建设，还打算回麻省理工学院教书。但提案进来时放在了我的桌子上，我看了一下说这不仅像我一直在做的工作，而且我在论文中的很多想法都同样出现在这个报价申请里。所以我觉得终于要有一些实际的事情发生了，这非常好，但我仍然没有考虑自己要参与项目建造。然而这时 BBN 做出了一个决定，他们想参与其中，被指派从事这项工作的人是刚从林肯实验室过来的弗兰克 · 哈特。有一天，他出现在我的办公室，说高级研究计划局让大家竞标这个提案，问我看见了提案没有。我说："是的，就在这里，在我这儿。"他说："我能看看吗？"我就认识了哈特，知道了他是谁，他能做什么。在他的鼓励下，我同意写提案，然后他召集一群人去实施。他们在塞维罗 · 奥恩斯坦[①] 的带领下工作。奥恩斯坦是一位很好的硬件工程师，我跟他描述接口是如何工作的，从哪里开始，我们应该做这个而不是那个，他就会按我说的那样实时地设计、制造硬件。我提案的技术部分是在一些人的帮助下写出来的，然后被打包成了大量的样板文件。我们必须和分包商的建

① 塞维罗 · 奥恩斯坦（Severo Ornstein），1930 年出生，1955 年加入林肯实验室，参与了旋风（Whirlwind）、SAGE、TX-2 和最早的高性能个人计算机 LINC 等传奇产品的研发。1967 年加入 BBN，带领团队获得了联网最关键设备 IMP 的合同。1972 年组建了第一个访问中国的美国计算机科学家考察团，受到了郭沫若等人的热情接待。1976 年，加入施乐帕克研究中心，1983 年退休。

议一起被审查，然后再决定使用哪个。霍尼韦尔国际公司制造了很多电脑，必须有人和他们协商价格。我没有参与这其中的任一环节，但我确实写了技术性的部分。高级研究计划局接受了我们的提案，我们赢得了竞争，拿下了这个项目。

访谈者：您能多谈谈准备这些文件细节吗？

鲍勃·卡恩：我记得是在 BBN 研究了这个项目一年后，我们才真正开始写这些文件。我研究这个项目是因为我认为这是一个有趣的技术挑战，而不是因为我知道高级研究计划局有兴趣建立一个网络。当高级研究计划局提出报价请求时，我看完后觉得自己知道这怎么才能实现。所以我自然而然地开始写下自己的想法。我还从 BBN 的其他一些工程师那里得到了一点帮助，他们精通软件开发，能为我在软件部分提供一些支持。但组件只是自然而然地结合在了一起，我还需要找到自己的思路。当我的想法付诸文字并提交后，你知道的，我们最终赢得了比赛，拿到了合同。

我决定留在 BBN 工作，是因为在我看来这个项目确实需要一些高层次的指导，于是我一直致力于推进这个项目，直到 1971 年年中。那个时候，我决定去参加一个网络公开演示，因为我们刚刚建好了网络，并且与一个团体合作，让网络真正与他们的计算机相连接。这是一个建设通信网络的项目，而不是简单地连接这些机器。大学的研究中心可以负责执行，但我和大家一起，确保一切正常，检查所有的准备事项，确保我们能真正地从用户到用户、程序到程序的运行。

访谈者：BBN 当时的工作环境是怎样的？

鲍勃 · 卡恩：BBN 是一个非常有趣的地方，它是由许多从哈佛大学和麻省理工学院来的研究者建立的，更像是大学的附属机构而非真正的商业机构。这里有很多非常聪明的人，做着有趣的研究工作，公司里面有一部分人在做更先进的研究，另一部分人在建立研究系统。不过这 7 年时间是非常混乱的，因为外界不太理解 BBN 在做什么。人们需要了解正在发生的事情，如何连接网络，如何利用它。因此，分组交换中计算机网络想法的社会化是我们在做的事情能否成功的关键。我参与了这一环节。我早些时候和同事温顿 · 瑟夫搭档，后来又跟他在互联网及其协议的创建上紧密合作。大约 1969 年年底，温顿被派去测试最初版的阿帕网，他和我在这段时间成了朋友，最后我们和 BBN 的一个叫大卫 · 瓦尔登的家伙一起做了很多测试。

访谈者：您在 BBN 工作的期间，还有什么值得纪念的时刻吗？当你们中标时，有没有什么仪式或庆祝活动呢？

鲍勃·卡恩：是的，他们确实有庆祝活动。有意思的是，BBN 的庆祝是在合同到的时候进行的，而我在提案获胜时就准备好庆祝了。在合同来的时候，我已经在担心后面的事了。

访谈者：您没有参与 IMP 项目？

鲍勃·卡恩：不，我参与了，但不是立刻。事实证明，有许多问题确实需要了解总体架构的人员参与项目。在项目的头几个星期，我清楚地看到了这一点，并决定重新振作起来投入其中。也正是那个时候资金到了。我当时在杰瑞·埃尔金德手下工作，他同时还负责其他部门的工作。于是他鼓励我与他们合作，因为这可以为我当时的工作争取资金，在此之前项目是由他负责的。

访谈者：在 1972 年，您是怎么被拉里说服加入信息处理技术办公室的，您能和我们分享一下吗？

鲍勃·卡恩：我最初向高级研究计划局提出的建议，通过公开演示来向人们展示这种网络可以做什么。我建议在春季联合计算机大会上这样做，但我认为社群还没有完全准备好。拉里有不同的想法，他希望在第一届计算机通信国际会议上做展示，这次会议预定于 1972 年 10 月下旬在华盛顿市中心的希尔顿酒店举行。他们问我是否可以安排演示。所以我们制作了一部电影来解释这个网络，采访了很多人，你可能在网上也能找到这部电影，名字为《计算机网络：资源共享的先驱》。我开始组织这个活动，花了大约一年时间与所有社群一起工作，把应用程序装到他们的电脑上，并且和很多现如今这个领域里的知名人士一起工作。我们在华盛顿希尔顿酒店待了整整一周，我觉得全世界从事与计算机网络相关研究的和做相关工作的人都参加了，大部分人来自美国。事实上，我们整个星期都在展示计算机联网的工作方式。很多人都很惊讶。我想很多商业人士都不知道还有这种可能。

拉里大概在这次会议之前的一年半邀请我加入高级研究计划局，在 1971 年 5 月或 6 月的某一天，那个时候我还真没想过去华盛顿，我从 BBN 的系统部返回研究部工作，这两个部门不在同一栋楼。我花了一年的大部分时间来组织网络演示。之后，BBN 决定进入网络业务，成立了一家名为 Telenet（远程网）的独立公司，它是最早提供计算机网络服务的公司之一，但不是第一家。第一家是由 BBN 的一位前员工建立的，这个人因为发现 BBN 对通信网络不感兴趣，所以离开了 BBN，自己成立了一家公司，名字叫分组通信公司（Packet Communications Inc，缩写为 PCI）。这是第一个向美国联邦通信委员会[1]提交分组服务申请并且得到了批准的公司，但由于不知道如何在不放弃太多控制权的情况下筹集足够的资金，最终它倒闭了。这也促使 BBN 进入了这个行业，成立了 Telenet 公司。

在那个时候，我清楚地认识到拉里的提议开始变得越来越有意义。所以在一年后，我终于答应加入高级研究计划局。我打算研究自动化制造而非网络，后来 BBN 聘请拉里担任该公司的第二任总裁，所以拉里在 1973 年 9 月成为 Telenet 的第二任总裁，最后他把它从波士顿地区搬到了华盛顿。拉里在最后的分析中是有说服力的，他让我在职业生涯中做出了一个更好的选择。他是一个很好的工作伙伴，还有很多好主意，证实他致力于通过高级研究计划局实现早期网络能力。

---

① 美国联邦通信委员会（Federal Communications Commission，缩写为 FCC），是独立的政府机构，直接对美国国会负责，于 1934 年建立。它负责美国常规的州际、国际通信，如电视机、电线、卫星、电缆方面的工作，涉及美国 50 个州，确保与生命财产有关的无线电和电线通信产品的安全性。

访谈者：当时您接受这份工作时，薪水怎样？

鲍勃・卡恩：我记不清了，每年大概 2.5 万美元到 3 万美元。这是 1972 年的情况，相对于如今的薪水肯定要低一些。应该和之前那份工作的薪水差不太多。

访谈者：您当时有别的工作邀请吗？

鲍勃・卡恩：没有，我根本没找工作，我不打算离开。对我来说，要么回麻省理工学院，要么在高级研究计划局工作。因为我离开麻省理工学院去休假是为了得到更多的实践经验，而设计一个网络正是这种实践，所以我决定去高级研究计划局而非回麻省理工学院教书。

访谈者：您能描述一下信息处理技术办公室的工作环境吗？

鲍勃・卡恩：信息处理技术办公室大概是高级研究计划局的六个实质性办公室之一。信息处理技术办公室基本上针对的是信息技术研究，因为他们当时更关心信息技术的各个方面。办公室很小，里面有十几个人，职位从高到低有办公室主任、副主任，然后就是一帮项目经理，通常会有一个人负责办公室财务、一两个人负责行政后勤。但就项目经理而言，大概就有 8 到 12 位。

他们为办公室申请到了办公资金，然后分配给经过局长批准的项目，并指派个人管理每个项目。完成这些项目之后，他们会开发更多新的项目，再重新分配人员。他们有非常旺盛的创业精神，总是在寻找下一个好主意，再为那些好主意来寻找有才华的人。

光有好主意是不够的，找到一个真正能完成这个主意的人也是很重要的。高级研究计划局得搞清楚这个人是不是值得相信，以及是否能够完成这个任务。所以，他们总是在试图找到最合适的人和最棒的主意。这就是他们的做法，全年无休，周而复始。通常人们在那里待两年、三年或四年，然后离开这个机构。我大概是个例外，因为我在那里待了将近 13 年。

访谈者：这种工作氛围是如何培养出来的？

鲍勃·卡恩：这是高级研究计划局历史文化的一部分。信息处理技术办公室的发展史里有一件非常重要的事，这也是创建该机构的历史中的一部分，它实际上是对苏联在 1957 年发射人造卫星的一个回应。当时美国是有点惊讶，有点担心的，因为美国不知道苏联会在太空中发射什么，但是当时凭美国所拥有的技术是可以发射卫星的，只是没有机构负责这件事。海军负责海上事务，陆军负责地面事务，空军负责空中事务，但没有涉及太空。因此，创建高级研究计划局是为了保持技术警惕，让国家基本上可以探索任何可能有用的想法。虽然它所做的一些事情有特定的军事和国防目的，但是许多科学方面的事情都只是在探索优秀的科学思想。

我最终成为一名科学家，我钻研的是技术。我们在研发方面所做的，对商业、政府、军方都一样重要。并不是所有都和军方有关系，而且任何一个和军方有关系的项目都可以找到民用方面的对照物，不管是医疗保健，还是仅仅用于应对恶劣天气的更为先进的设备，抑或更好的观察事物的方法等。我们没有在应用方面花太多时间，因为应用方面由其他部门来做。

访谈者：请您再具体谈谈，您参与 ALOHA 项目[①] 的工作。

鲍勃 · 卡恩：我基本上没有参与 ALOHA 项目。这是一个由夏威夷大学的两位先生发起的项目。这两个人是诺曼 ·

---

① ALOHA 项目，也称为阿罗哈项目，Aloha 是夏威夷人表示致意的问候语，也是 1968 年美国夏威夷大学的一项研究计划的名字。第一个使用无线电广播技术作为通信设施的计算机系统是夏威夷大学的 ALOHA 系统，采用的协议就是 ALOHA 协议，它分为纯 ALOHA 协议（Pure ALOHA）和时隙 ALOHA 协议（Slohed ALOHA）。

艾布拉姆森[①]和郭法琨[②]，我对他俩都相当熟悉。

他们从海军研究办公室得到了一些初始资金来探索发展这一项目。在我加入高级研究计划局之前，局里就已经决定给他们提供资金帮助，并把它发展成一个更大的项目。但我当时不在那里，而是在瓦胡岛檀香山市，所以我现在告诉你的都是别人告诉我的事情。事实上，他们在夏威夷岛、欧湖岛和火奴鲁鲁岛的当地通信系统上试验了一种非常有趣的处理。

那里的通信系统真的很差劲，经常出错。如果你从学校附近的酒店接入学校的一台电脑，你输入L，也许输出时不会出错。你也可以输入O或者G，也许它会到达目标电脑。但你没法键入任意一个合法的字符串，并且期望能够绕开这些错误，所以这个通信系统很没用。当时的这个系统是希望通过差错控制，能够从远程站点——通常是人

① 诺曼·艾布拉姆森（Norman Abramson），1932年出生于美国马萨诸塞州波士顿，计算机科学家，开发出ALOHAnet无线通信系统。

② 郭法琨（Franklin Kuo），1934年出生，全球第一个无线数据通信网络ALOHA系统的负责人。在斯坦福研究院担任过互联网信息中心（NIC）的主任，是为全球互联网诞生和发展做出关键性贡献的最重要的华人。

们家中或者是有无线电的其他位置，与大学进行通信。通过足够的差错控制，使其更可靠。这就是原来的ALOHA。他们后来在各种维度上扩展它，使用继电器来让它到达一些其他岛屿，甚至可能与更远的世界上的一些其他地区通信。这就是ALOHA项目，这件事与我在高级研究计划局所做的事情有关，我开始做封包无线电网络项目，这个项目计划做成移动节点，像阿帕网那样，只是一切都是移动的。所以你会发现，它显然可以取代在夏威夷岛上的这个项目。但没有必要，因为他们已经有了一个很完善的系统，以一定的目标在那里工作。但就我个人来说，我从来没有在ALOHA项目工作过。

访谈者：您可以分享一些和高通创始人之间的故事吗？

鲍勃·卡恩：高通创始人之一是欧文·雅各布斯，我相当了解他，也非常钦佩他。我第一次见到他时，他和我都还是麻省理工学院的教职工。他的办公室就在我的旁边，所以我和他很熟悉。我当时住在大学附近，他住得更远一点，但是我们在同一条路线上。所以有时候，当他开车回家时，我会和他一起。大约在同一时间，欧文和我决定休假一段时间，我们的原因可能各不相同。我不知道他的理由是什么，但我请假是因为约翰·沃曾克拉夫特的建议，他建议我请假一段时间以便获得一些实践经验，之后再回来教书，这就是为什么我去了 BBN，而欧文也做了同样的决定。虽然我不知道在他的计划里是否还会回麻省理工学院，但我猜想他会更受欢迎，因为他太棒了。

我们两个得到了同样的两份工作机会。一个是 BBN 在寻找通信领域的人才，他们的计算机项目才刚刚开始，他们想要通信组件。另一个是去刚刚在圣迭戈成立的加利福尼亚大学工作。学校创建了一个电光部门，正在寻找电气工程师。我观察了整个国家的行情，得出了一个完全独立于欧文的结论：这两份工作是很有前景的，于是我开始面试。欧文也一样，但他比我早了大约两个月。

所有情况就是这样的。但我知道，一旦他决定了，我就会接受另一份工作，因为面试是需要时间的。所以 1966 年晚些时候，我去了夏威夷，拜访了那里的一些教员。那些教员说："你听说欧文的决定了吗？"我说："没有啊。"他们说："听说欧文决定去 BBN 工作。"我想如果我要搬到加利福尼亚去，那可能会很糟糕，因为那样我可能就见不到我的妻子，生活中的一切都会大不一样。但在回来的路上，我去了一趟斯坦福大学，遇到了另一位教员汤姆·凯尔。汤姆对我说，他听说欧文已经做了决定，汤姆总是消息很灵通。我说，是的，我知道他要去 BBN 工作。汤姆说，不，欧文要去加利福尼亚大学。在我从夏威夷大学到斯坦福大学的那段时间，欧文就改了主意。他和他的妻子在决定去 BBN 的那晚，可能问自己：那里的天气很冷，经常下大雨，而加利福尼亚天气那么好，阳光明媚，我们为什么要去 BBN 呢？所以他们在一夜之间改变了注意。于是他在 1966 年去了加利福尼亚大学，加入了教职队伍。最后我去了 BBN，我们一直保持着联系。

在大学担任教授期间，他在 1968 年建立了一个名叫 Linkabit 的公司，1980 年把公司卖给了 M/A-COM 公司。几年后的 1985 年，欧文决定创立高通公司。他问过我是否愿意加入。我说，我真的想建立一个组织，就是我现在运行的美国国家研究创新机构。我真的想努力让互联网变成现实。欧文理解我的想法，所以，他要走他的路。我在高级研究计划局的这段时间里，资助了欧文在 Linkbit 的很多工作。他们做了很多了不起的生意，在开始受欢迎的数年后，他们基本上改写出了一个完全不同的东西。事实上，今天的 CDMA[①] 技术真的被商业化了。他们把这项技术变成了一个商机，从长远来看，这使得高通公司成为一个十分重要的公司。欧文

① CDMA，即码分多址，它是在数字技术的分支——扩频通信技术上发展起来的一种崭新而成熟的无线通信技术。

大概在 1996 年向我发出邀请，我在 1997 年加入高通公司董事会，在高通待了差不多有 17 年。我见证了它发展为一个行业的主要力量，见证了 2G（第二代通信技术）变成 3G，然后变成 4G、变成 5G 的所有发展过程。我见证了 WCDMA① 的发展，它真正成了世界上大多数人采用的技术。我还看到了它在中国发展的另一个变体，即 TD-SCDMA②，是由国际合作贸易委员会（CICT）推动的，并且是由中国移动发展的。我和欧文从麻省理工学院开始认识彼此，一起工作，之后一直保持良好的联系。他是我在整个领域最崇拜的人之一。

访谈者：能再说说您与温顿·瑟夫在 TCP/IP 的项目开发中进行合作的故事吗？

---

① WCDMA，全称为 Wideband Code Division Multiple Access，宽带码分多址，是一种 3G 蜂窝网络，使用的部分协议与 2G GSM（全球移动通信系统）标准一致。

② TD-SCDMA，全称为 Time Division-Synchronous Code Division Multiple Access，时分–同步码分多址，是国际电信联盟批准的多个 3G 移动通信标准中的一个。相对于另两个主要 3G 标准（WCDMA 和 CDMA2000），它起步较晚而且产业链薄弱（2008 年中国发放 3G 牌照时的情况），发展过程较为曲折。

鲍勃·卡恩：我第一次见到温顿·瑟夫是在1969年，在测试阿帕网的时候。他当时是加州大学洛杉矶分校计算机的负责人，在伦纳德·克兰罗克的实验室工作。我和同事一起去做测试，因此和他互相认识了。但那会儿我们并不是因为互联网才认识的，而是因为测试阿帕网。几年之后，我开始研究"通路"（gateway，即网关），一个位于两个不同网络之间，帮助处理从一个系统到另一个系统的信息的路由选择计算机。在那期间我和他一直保持联系。但在我加入高级研究计划局之后，我意识到我们需要把这些不同的网络连接起来，找到如何使它们一起工作的方法。我想出了一个计划。

但当时还缺乏的是如何将协议嵌入计算机中。这就是当试图弄清楚如何让计算机通过阿帕网进行通信时温顿的工作。阿帕网是一个单一的网络，当把流量发送到阿帕网上时，它是通过线路来处理的，也就是把这些数据包发送到线路上。那条线路上只有一台电脑。但是当我们进入互联网环境的时候，那条线路是可以进入另一个网络的。那么，如何告诉网络该怎样处理数据包呢？他们可能想把流量输送到别的地方去。所以我们明白当前的协议是需要扩充的。

我大致知道网关必须做什么，或者如何将它嵌入不同的操作系统中，但是我没有直接参与其中。我需要温顿这样的人来帮我。我思考了很长时间，还写过一个网络架构。

事实上，这个操作早期的参与者之一是鲍勃·梅特卡夫。鲍勃在哈佛大学的博士论文引用了一篇我早期在BBN备忘录基础上写的论文。那篇论文是关于如何将协议嵌入操作系统的，因为这些协议并不在那里，它们在当时更像是一种用户程序。所以我知道我需要这样的人才，才能真正迈出下一步。于是我邀请温顿来和我一起工作，他非常感兴趣，我们结下了很好的友谊，一直持续到现在。虽然我们现在不再那样密切合作了，但我们曾非常紧密地共事了近20年。他在1976年加入高级研究计划局，在6年后的1982年离开去了MCI，为MCI开发MCI邮件。之后，在我刚刚创办美国国家研究创新机构后，他作为第二号员工加入了这个组织。

我们在一起研究了很多关于扩展网络的有趣的问题。他帮助我制定了许多标准程序。事实上，我们是在国际互联网工程任务组下面工作的，这其中是有合同的，而他是主要研究者。

我设立了一个基于超高速网络（即“信息高速公路”）的项目，美国第一个千兆位速度网络，这都是由美国国家科学基金会资助的。这是一个非常强大、有用的合作。因为温顿对处理网络社群和某些社会结构很有兴趣，所以他会向不同的方向去发展研究，我们都在做这项工作。但是，他一直是负责网络社区事务的监察员，而我更感兴趣的是在美国国家研究创新机构发展新理论、新作品和新想法。

访谈者：你们现在多久联系一次？

鲍勃 · 卡恩：发电子邮件的话，每周至少一次，回电话大概要等 50 年。我们偶尔会一起领奖。所以我在开会或是会谈的时候会见到他。我们可能一年会聚 5 到 10 次，如果有很多事情的话，可能见面还会更多。但都不会是因为什么日常的事。

访谈者：那 TCP/IP 是如何取代 OSI，成为标准的呢？

鲍勃 · 卡恩：TCP/IP 从来没有取代 OSI，因为 OSI 从来没有存在过。我们创建了 TCP，有组织有兴趣要创建国际标准，但是从未实现。我的意思是，有人在研究，高级研究计划局有需求创造出一些东西，并落实到位。所以，我们资助了这个项目的实施。就在国际社会还未对标准达成一致时，TCP/IP 已经在技术领域广泛使用了，并且其使用范围还在不断扩大。

因此，当国际社会最终定下来所有标准，说“这就是我们的协议”的时候，没有人是接受的，因为主要使用网络连接的人，都已经在用 TCP/IP 了。我们没有理由仅仅因为把“国际”这个词用在了某事物上就去改变既成事实。所以，TCP/IP 一直在不断地发展，但我认为，人们对可能发生的事情没有足够的预见力，这一点很令人担忧。

很多人认为互联网不会有任何发展，所以他们不担心。我记得，在一些很严肃的会议上，有些运营商参会者最初非常不乐意，他们还在想方设法地寻找摆脱互联网的方法。因为运营商是负责人。后来，当想不出摆脱互联网的时候，他们就想把它买下来，但是实际上没什么可买的。你怎么购买世界经济，对吧？最后，我认为电信行业作为一个整体，发现互联网提供了一个市场，可以让他们更有效地合作来处理计算问题。这就是它最终出现的方式。

访谈者：所以您并没有刻意去推广，一切都是水到渠成？

鲍勃·卡恩：实际上，我们和工作团队早期一起做了一些推广工作，我们告诉受高级研究计划局资助的研究团体通过 TCP/IP 连接阿帕网。因此，在 20 世纪 70 年代中后期，很多大学已经有了早期版本的局域网或者工作站，都是使用早期版本的 TCP/IP 连接在一起的。我们直到很久以后才拥有 IBM 和苹果等的个人电脑。

这看起来很有趣。高级研究计划局有一大笔钱，可以支持那些想做这些事情的人。所以，这并不像我们敲别人的门说，“请尝试使用 TCP/IP”。这只是一个自然而然的事情。在 20 世纪 80 年代早期，随着高级研究计划局发起的一个名为战略计算的项目，TCP/IP 得到了很大的发展。因为我们有预算来资助人们加快研究。我们购买了很多工作站，来搭建本地网络，并且获得高速网络连接。1953 年的高速网络连接通常是每秒 1.5 兆比特，网络并没有得到广泛的使用。但是，要知道那个时候其他的网速是每秒 50 千比特，每秒 1.5 兆比特的速度已经是之前的 30 倍了，非常快。实际上，当我们的速度是每秒 50 千比特的时候，其他人的网络速度是每秒 300 比特。相比较而言，每秒 50 千比特已经相当快了。当然现在的网速都是按吉比特每秒来计算了，甚至一些恐怖分子用光纤来联络。

访谈者：您还能想起来其他您在信息处理技术办公室任职期间创立成功的项目吗？

鲍勃・卡恩：太多了。我们资助了加利福尼亚大学伯克利分校（以下简称加州大学伯克利分校）的一个项目，开发 UNIX 的虚拟内存版本，即 BSD 操作系统，该项目由威廉・纳尔逊·乔伊[①]开发，他非常有名，因为他离开加州大学伯克利分校以后成为太阳微系统（Sun Microsystems）公司的创始人之一。UNIX操作系统是一个强大的多用户、多任务操作系统，支持多种处理器架构，按照操作系统的分类，属于分时操作系统，最早由肯·汤普森（Ken Thompson）、丹尼斯·里奇（Dennis Ritchie）和道格拉斯·麦基尔罗伊（Douglas McIlroy）三人于1969年在AT&T的贝尔实验室开发。乔伊基于UNIX开发了BSD操作系统，并开放源代码给其他人无偿使用、改进，为自由软件的发展做出了极大的贡献。

还有一个非常成功的项目是在斯坦福大学资助开发的SUN工作站（SUN workstation），该工作站是斯坦福大学网络（Stanford University Network）项目的一部分，名称取自Stanford University Network的首字母缩写。该工作站成本低、性能好，可以处理非常大的数据集。而从事图像处理工作的人通常有非常庞大的成像数据集。在经销

---

① 威廉·纳尔逊·乔伊（William Nelson Joy），通常称比尔·乔伊（Bill Joy），美国著名计算机科学家，创立了BSD操作系统和Vi编辑器。1982年，与其他三位合伙人一起创立了太阳微系统公司，并作为首席科学家直到2003年。后来经营自己的风险投资公司HighBAR Ventures，也是知名投资公司Kleiner Perkins的合伙人。

商侧设计集成电路上工作的人也是如此，安德烈亚斯·贝托尔斯海姆[①]是该项目的首席硬件设计师，在 1980 年初开发了图形工作站（Graphic Work Station）。在资助了伯克利的操作系统后，我们在资助斯坦福研究所时提出，不希望他们从事类似的操作系统工作。他们当时用的是摩托罗拉 68000 处理器，大概是 1980 年年初，我们提出请他们使用加州大学伯克利分校的 UNIX，他们真的用了，这也算是一种合并吸收。这个项目组里有很多非常有趣的人，他们中的一些人后来都很有名。其中一个是约翰·雷洛伊·轩尼诗[②]，他开发了预警处理器，是 MIPS 科技公司[③]的首席科学家。约翰后来回到了大学，成了斯坦福大学的校长。

---

① 安德烈亚斯·贝托尔斯海姆（Andreas Bechtolsheim），1955 年出生，太阳微系统公司的创始人之一。

② 约翰·雷洛伊·轩尼诗（John LeRoy Hennessy），1953 年出生，美国计算机科学家。MIPS 科技公司创始人，第十任斯坦福大学校长。

③ MIPS 科技公司，全球第二大半导体设计 IP 公司和第一大模拟 IP 公司。公司成立于 1998 年，总部位于美国加州山景城。在全球拥有超过 250 家客户，为全球众多最受欢迎的数字消费、宽带、无线、网络和便携式媒体市场提供动力。

另一个是吉姆·克拉克[①]，他发明了几何引擎（在单一的微芯片上进行实时的三维图形处理的计算机系统），我为他开发半导体芯片提供资金。吉姆成立了SGI公司，离开后又创建了网景通信公司[②]——最早的网络浏览器公司之一。

1982年，安德烈亚斯和乔伊离开SUN工作站，和一些风险投资家一起创建了太阳微系统公司，开始开发商业操作系统。最初的TCP/IP是由BBN为UNIX系统创建的，我们要求BBN把它提供给加州大学伯克利分校。这样的话，乔伊就可以把TCP/IP放在他的分发用磁带里，TCP/IP当时是操作系统上的一个用户程序。

乔伊对程序的性能不满意，就重新编码并在UNIX的虚拟内存版本的内核中执行。他在加州大学伯克利分校的工作站的基础上进行了优化，但是这个程序在其他工作站

---

① 吉姆·克拉克（Jim Clark），1994年出生于得克萨斯州的普兰维（Plain View），1993年他同马克·安德森一起，开发出UNIX版的Mosaic浏览器，同时也是SGI、网景通信公司、Healtheom公司的创始人之一。在1996年《时代周刊》评选的25位全美最有影响力的人物中，排名第一。

② 网景通信公司（Netscape Communications Corporation），成立于1994年，是美国的一家计算机服务公司，以其生产的同名网页浏览器Netscape Navigator而闻名。1998年11月，网景被美国在线（AOL）公司收购。

上并不兼容，所以，差不多有一两年的时间，乔伊和社群的很多人，主要是乔恩·波斯特尔等一起工作以提高程序的兼容性。之后，逐渐发展成太阳微处理系统，这就是大多数技术社区大规模地使用 TCP/IP 的原因。因为之前，要想用这个软件的话，你必须得是一个专家，需要自己把 TCP/IP 安装进去，现在你只需要买一个太阳微系统工作站，它的操作系统内置了 TCP/IP，可以直接使用。乔伊设计了 Sparc 微处理器，并将之前自己领导开发的 BSD 操作系统继续发展成为 Solaris 操作系统[①]。

访谈者：你还能想到什么其他的项目吗？

鲍勃 · 卡恩：项目是挺多的，这是最突出的两个。我们资助的项目还包括 BBN，斯坦福大学和伦敦大学学院等，TCP/IP 被事实证明是可互行的，是我们做的一个重要项目。

访谈者：您为什么选择伦敦大学学院而不是英国国家物理实验室？

---

① Solaris 操作系统，是太阳微系统公司研发的计算机操作系统，被认为是 UNIX 操作系统的衍生版本之一。

鲍勃·卡恩：英国国家物理实验室是先锋，曾经拥有唐纳德·戴维斯[①]。唐纳德是“包交换”[②]这个名词中“包”的命名者，不幸的是，他很久以前就过世了。他有很多想法，在很多方面都是一个颇具争议的人物。

当我第一次见到唐纳德时，他在伦敦大学学院执教。他真的是一个有很多好主意的人，可以和学生一起工作。这在英国国家物理实验室并不常见，比我所做的工作要多。

彼得·柯尔斯坦非常独特，他是电信行业的一位值得信赖的行业顾问。那个时候电信行业是英国政府邮局的一部分。彼得可以获得与英国邮局合作的批准，也与美国国防部合作得很好。所以他是名优秀的先行者、实干家，不仅有学生，还能申请到资金，可以与欧洲其他研究团体开展

---

① 唐纳德·戴维斯（Donald Watts Davies），1924 年出生，英国计算机科学家。参与了英国第一台计算机的研制；主持了英国第一个实验网的建设；分组交换技术早期研究者之一，帮助电脑能够彼此通信，并使互联网成为可能。于 2000 年 5 月 28 日逝世。

② 包交换（Packet Switching），又称分组交换，计算机网络交换技术的一种。是指将用户传送的数据划分成一定的长度，每个部分叫作一个“包”（Packet）。每个“包”的前面有一个分组头，用以指明该分组发往何地址，然后由交换机根据每个“包”的地址标志，将其转发至目的地，这一过程被称为分组交换。

合作。他非常想与我们合作。因此，我们给他提供了一些资金支持，合作开发一个 TCP 设计。当时一共有三种不同的实施方案，其中一个是他的想法，他设计的方案应该是 PDP-9。他还与英国和欧洲其他地方都沟通、推广过自己的想法。

访谈者：那么您为什么选择让挪威和英国率先接入阿帕网呢？

鲍勃 · 卡恩：我不记得确切的顺序了，我去高级研究计划局工作之前欧洲已经有节点连接了。高级研究计划局此前一直在为挪威地震检测提供资金支持，我认为挪威的研究项目是希望实现地下核爆炸，主要参与方是挪威国防研究院，挪威电信人员也参与了一段时间。还有一个已经设立的公开项目，被称为 Norsar，是部署在世界各地的挪威地震台阵。他们需要从挪威获取地震数据进行处理，还希望把数据分享给世界各地。挪威人一直密切关注世界各地的各种地震事件。不仅仅是核物质，他们能够检测到一切，因此他们需要那些连接。我首先意识到的就是这个需求，而且我们最终基本上做到了让他们接入阿帕网，这应该发生在 1973 年年初，我去高级研究计划局不久。

这是从美国到挪威的一条卫星通信线路，经过瑞典的国际通信卫星地面站，然后回到挪威。他们在那里建立了一个斯堪的纳维亚地面站。这是第一个连接节点，通过卫星连接，速度为每秒 9.6 千比特，相当昂贵，我记得我们与他们进行了几次谈判。然后我们也在英国建立了线路，之后就建立挪威到伦敦的连接又谈判了一次。

在 1973 年 9 月，当时我在英国苏塞克斯大学的北约工作室，得知连接已经建立好了，可以通过向挪威发送数据包并使其返回英国这样一种双边扩展的方式来进行数据包交换以及与英国连接。当时还有一个扩展，是从英国到德国斯图加特的高级研究计划局办公室，目前已经没有了。

这实行起来很复杂，因为有不同的规则。电脑每次接入一个新连接，就得去掉另外一个连接。你得要让三方都同意。所以，如果你从美国连接到挪威，就要征得两个国家的电信运营商的同意。如果你从挪威连接到英国，就要得到英国邮局、挪威电信以及美国运营商这三方的同意。

当出现第四方时，我们就需要得到第四方的同意。我记得美国运营商说，他们很乐意在那里直接建立一个连接。我们已经解决了所有难题，他们最后终于同意了。但是我们不想再经历第二次了，这就是我们通过卫星通信连接到欧洲的原因。前两个接入的是挪威和英国，最初用的是阿帕网，但后来新接入的用的是卫星信号网的因特网，那是挪威的第一个连接，也是地面连接线的一个点对点连接。我不知道他们是怎么实现的，因为那是在挪威和英格兰之间连接的。

访谈者：那么亚洲哪个国家是第一个接入阿帕网的国家？

鲍勃·卡恩：这个，你应该问斯蒂芬·沃尔夫（Stephen Wolff）先生，因为他是负责人。高级研究计划局与夏威夷大学的多址系统建立了连接。据我所知这些就是高级研究计划局在国际连接上取得的成果。由于有了卫星网络，我们与欧洲建立了连接，包括在英国和挪威，还有德国，德国的另一端接入了意大利，范围确实很广。另一方面，美国国家科学基金会建立了一个全套的程序来扩展国际网络。因此，在亚洲的第一个连接可能是在日本，负责人是村井纯先生。如果你采访他，他会给你史蒂夫·沃尔夫的来信，内容是关于允许建立互联网连接之类的，我觉得中国也是这样一封信，这封信可能是他写给胡启恒女士的，她曾是中国互联网协会的负责人，也曾是中国科学院的高层之一，是这个领域非常资深的专家。

访谈者：可以说说您和阿尔·戈尔的合作吗？

鲍勃·卡恩：阿尔·戈尔是美国前参议员和副总统，我们之间很客气，没有太多交谈。我第一次与他互动的时候，他还是众议院议员。他对危机管理等相关领域很感兴趣，我可能要在他当时所在的一个委员会上做证。他进入参议院后，对高速网络、超级计算机等相关领域非常感兴趣。我和他所在的委员会进行了多次互动，是关于各种主题的一对一讨论。

1992年比尔·克林顿当选美国总统，1993年阿尔·戈尔开始担任副总统，直到8年后克林顿卸任。我与他有多次互动。我当时在国家信息基础设施总统顾问委员会，这个委员会是由35个首席执行官组成的。副总统多次来访，对安全问题尤其感兴趣，很明显他对这个领域有着坚定的信念。

我记得在2000年他与乔治·沃克·布什成为竞选总统的对手，乔治是前布什总统的儿子，他们寻求过我们的支持。我们说很乐意写一篇文章确切表达副总统所做的工作，上面有一些政治声明。这些声明不怎么成功，但事实上在很大程度上是真实的。它引发了很多政治上的负面情绪。阿尔·戈尔发表了很多声明，例如，帮助启动互联网或类似的事情，这其实在某种程度上是真事。他从来没想过做技术性声明，因为阿尔·戈尔不是技术架构师。我和温顿·瑟夫写了一篇论文，你可以在网上找到。我们基本上用一两页就说清了他的实际成就。我们明确地指出阿尔 · 戈尔是第一位明确了解互联网价值的政治家，他在提高人们的互联网意识方面发挥了重要作用。我很欣赏的一点是，他对我们所做的工作富有远见和洞察力。他的政治地位只是人们看到的表象而已，事实上，理应有更多人得到赞扬，因为这些人很早就加入了推进阿帕网的研究进程，比如，约瑟夫 · 利克莱德[①]很早就谈到了计算机网络的重要性。

保罗 · 巴兰[②]供职于兰德公司[③]，很早就开始对核战争中如何保持通信畅通有效这一课题产生了兴趣。如果真的爆发核战争我们要如何应对？巴兰觉得，对他来讲最重要的事莫过于建造起一个更稳定的基础通信系统，编织起一

---

① 约瑟夫 · 利克莱德（Joseph Licklider，也称 J. C.R. Licklider），1915 年出生，全球互联网公认的开山领袖之一，麻省理工学院心理学和人工智能专家。1960 年他发表了一篇题为“人—计算机共生关系”（Man-Computer Symbiosis）的文章，设计了互联网的初期架构——以宽带通信线路连接的电脑网络，其目的是信息存储、提取以及实现人机交互的功能。于 1990 年逝世。

② 保罗 · 巴兰（Paul Baran），1926 年 4 月出生，美国计算机科学家，通过发明分组交换技术推动计算机网络发展，并帮助奠定了第一代计算机网络阿帕网的底层技术理论基础。于 2011 年 3 月 31 日逝世。

③ 兰德公司（RAND），美国最重要的以军事为主的综合性战略研究机构。

张更为强大、更为坚韧的通信网。

当时还没有大型电子产品和电脑，1964年他写了一些非常有趣的论文，大概十卷或十二卷，系统描述了他在通信系统理论和结构方面的一些尚未成熟但具有重大革新意义的新想法，考虑通信网应该怎样布局才能在遭受部分损坏之后，余下部分还能完全像一个整体一样如常发挥作用。他有自己的想法，但科技还没发展到一定程度，没人能弄清楚如何落实这一想法，高级研究计划局出资建立的阿帕网是第一个真正实现了保罗的想法的案例。

但我记得麻省理工学院的人还写过这方面的论文。1959年，有一篇关于无线电业余爱好者的论文发表。这篇论文对我产生了很大的影响，因为这篇论文提到如果你能更进一步找到各种解决方案，网络可能会更有效率，这促使我决定走上阿帕网这条道路。我已经弄清楚如何使技术发挥作用并继续沿着这条道路走下去。但保罗不知道如何实施。他提出了分布型网络布局。他说，去掉中心交换，你就可以构造起一张新的网络，它由许多网点连接而成，每一网点都有多条途径通往相邻点。他最初的草图看起来颇像变了形的窗格子图案，又像一张渔网。保罗还有一个想法——把一条消息本身也切割成很多散片。这样一来，所有这些“消息”沿着各自的途径飞向目的地。到了目的地，再由接收的计算机把它们重新组装成一条完整的消息，到达你想要传到的最终位置。他探讨的是消息块处理与基于识别与类似的事情进行信息切换，保罗确实发挥了重要作用。

伦纳德也很早就进入这一领域，其撰写的关于队列网络的文章展现了分组交换的实质，影响广泛，他对这一领域做出了很大贡献。所以一定程度上，阿帕网得到了他的支持。在整个职业生涯中，他写了很多这方面的文章，热衷于这一领域，他在美国全国范围内指导了很多通信领域中的博士生。

访谈者：您离开阿帕网之后有没有考虑过自己创业？

鲍勃 · 卡恩：我真正想做的是基础设施方面的工作，你仔细想想，阿帕网到底是什么？其实它就是研究领域的基础设施。互联网是一个更广泛的基础设施，面向全世界。我们在美国所建立最多的，就是研究人员的基础设施，这样他们就可以设计芯片并反哺基础设施的发展。这就是我最想研究的领域。我有很多的想法，有一些现在能做，但有更多的还没有实现。可能随着时间的推移会实现。但当时在政府内部获取对基础设施的支持变得越来越困难。首先，支持基础设施这个想法被视为工业政策，应该由私营部门而不是政府负责处理。其次，我们进入资金收缩期，有很多预算方面的担忧和讨论，比如被大幅削减研究经费。预算缩减就让我们想做的事情更难达成了，基础设施已不是令人担忧的问题，但我们很难开启新项目。所以我想如果真的要做的话，最好还是与私营部门合作，这就是促使我创立美国国家研究创新机构的最初原因。所以我在 1985 年 9 月底离开了高级研究计划局，提交了美国国家研究创新机构的注册申请。1986 年 1 月 28 日，“挑战者”号航天飞机爆炸，导致我们的申请被延期。几个月后的 8 月或 9 月，我们成立了美国国家研究创新机构。

访谈者：美国国家研究创新机构已经成立快 33 年了，您如何划分它的发展阶段？

鲍勃 · 卡恩：我想说，在初创阶段，我们开始只有一名员工，然后增加到两名、四名……最初的资金来自行业内部，因为我离开了政府，所以无缘获得政府资金，特别是我们那个时候也没有开展什么研究项目。但是在那之后不久，我们就参与到了互联网标准化过程中，这个过程是由政府资助的高速网络化项目，是大家共同努力的结果。该项目登上《纽约时报》的头版，报道声称这个项目的行业贡献将达到 5 亿美元。不知道他们是怎么计算的，资金好量化，但是其他方面就很难计算了。最后私营部门的 40 个不同的组织和 10 所大学加入了这个项目，它需要一段时间才能见效。这个项目起初需要政府支持，从那以后，事情变得有趣了，工作更有连续性了。在初始阶段新机构需要不停地摸索，如何开始，找到自己的定位和目标，会有一些不稳定因素，但有利于后期的发展。

政府当时对基础设施投资的重要性还没有明确的理解。如果它很重要的话，产业界就会投资。但是对于产业界来说，它通常很难依靠自身力量创建基础设施，产业界的人通常会按自己的方式去做，希望自身的方法能够成为主流，这样对他们自己的公司更有利。但这只是在过去有效，我想很多人都认为基础设施还可以在未来发挥作用。我认为我们需要对基础设施发展提供长期的、持续的支持，这就是为什么我建立美国国家研究创新机构。我们来看看这种办法是不是在未来依然适用，和小规模的研究相比，到目前为止我们做得很好，但我认为我们可以做得更好，如果拥有几十亿美元的资金，那我们肯定可以取得更多进展。

访谈者：您认为这些年来美国国家研究创新机构的主要贡献是什么？

鲍勃·卡恩：首先，我认为我们在建立互联网方面发挥了关键作用，因为2005年之前我们一直参与标准化过程，而且我认为我们做得还不错。其次，我们为美国建立高速网络做出了贡献，因为我们资助了许多早期的实验。最后，基于我们所做的一些早期工作以及更广泛适用于管理信息的架构，我们帮助开发了数字图书馆的全球技术。我认为我们开始在基础设施建设层面为更多的工业应用提供动力，无论是在金融业还是建筑业、娱乐业。

我们在20世纪80年代后期开发了一种可以在互联网环境中运行的移动程序，并非每天对着电脑敲键盘，你可以和其中一个移动程序进行对话，告诉它你想做什么，在网上启动它，然后晚些时候再回来看看结果。

它会根据你的需求收集产生的数据和信息。我们是在网上发现第一批病毒和蠕虫的时候开始这样做的，很多人认为这不是什么好主意，但我认为这个想法有发展前景。这就是数字对象体系架构的基础，我们一直与其他团队合作开发推广这个想法。

早期人们告诉我们，没有研究人员想要编写移动程序。所以，告诉该程序自己想要做什么的想法可能永远无法实现，而我们开始尝试证明他们是错的。我们聘请了一些人，投资开发一种可以发挥这种作用的编程语言，现在是世界上最流行的编程语言之一，也就是Python[①]，从而为人们提供一种更简单的编程方法。我们雇请了吉多·范罗苏姆，当时他是荷兰的数学与计算机科学研究中心的一名成员。然后我们把他带到了这里，给他提供资金继续开发语言。他开发了一种叫作abc的语言，孩子们都能学。他把这个语言发展成了Python，我们在这里进行了发布，在2000年得到了公开许可，人们这才能真正利用它，这是我们完成的非常重要的一件事。目前全世界60亿人在Python上运行程序，Python被广泛使用。但它仍然没有普及，因为大多数人不会用其他任何语言进行编程。Python在很多地方的编程语言排名中经常为前三，甚至在有些地方排名第一。

我们还帮助创造了一种技术，叫作微机电技术（MEMS），让人能够设计和制造微机械芯片，在这栋楼的二楼有一个洁净室，可以在那里测试制造的芯片。我们利用全国各地的洁净室设施和铸造厂来生产这些芯片，所以别人可以告诉我们设计方案，然后我们为他们制作出来。

---

① Python，一种跨平台的计算机程序设计语言。是一种面向对象的动态类型语言，最初被设计用于编写自动化脚本，随着版本的不断更新和语言新功能的添加，越来越多地被用于独立的、大型项目的开发。

微型机械芯片，像马达和微泵一样具有微小运动，这不仅是电子运动还有微观尺度的物理运动。所以我认为这是我们做出的另一项贡献。

多年来人们都认为是互联网名称与数字地址分配机构[①]在运行网络。坦率地说，互联网名称与数字地址分配机构负责的是其中一部分，而且我认为它做得非常好，但那只是一小部分。这个领域的大部分归其他方所有，互联网名称与数字地址分配机构在中国可能起不了多大作用，所以出现了很多关于网络治理的辩论。互联网目前主要基于 IP 地址的使用，被广泛讨论的焦点问题是我们不应该依赖美国的某个组织成为管理架构的核心。为此，我们已经采取措施尝试采用数字对象体系架构并使其在全球范围内得到更广泛的应用。数字对象体系架构是下一代互联网络关键基础技术体系，具备为各类物理实体与数字对象提供

---

① 互联网名称与数字地址分配机构（The Internet Corporation for Assigned Names and Numbers，缩写为 ICANN），成立于 1998 年 10 月，是一个集合了全球网络界商业、技术及学术各领域专家的非营利性国际组织，负责在全球范围内对互联网唯一标识符系统及其安全稳定的运营进行协调。现在，互联网名称与数字地址分配机构行使互联网数字分配机构（IANA）的职能。

全球唯一标识、信息解析、信息管理与安全控制等服务能力。Handle 系统是数字对象体系架构的核心部分，主要用于数字对象标识的注册、解析与管理，具有全球解析平台和分段管理机制。数字对象体系架构代表了互联网信息服务由“以服务器为主体”向“以信息为主体”演变的发展趋势。通过 Handle 系统，人们可以在全球范围内拥有数字对象，拥有一个唯一标识符，可以随时随地直接转到该对象。IP 地址是什么无所谓，因为可能在很久远的未来，某根电线和电脑都已经不存在了。100 年前的 IP 地址可能没有帮助，因为当时存在的统一资源定位器不会一直持续存在。事实上，当一半的资源定位器不再工作时，网络会首次出现半衰期，可能超过 90% 甚至 95% 的网络都不工作了。所以，统一资源定位器或许可以工作 100 年。但是如果有一个唯一的标识符，只要有人在管理信息，那么无论其位于何处或采用何种技术都可以找到。

如果你从互联网的整个生命周期进行考虑，那重要的是让一切协同工作，而不是与某些其他属性的互操作性，如非常快速且非常可靠等等。但自从互联网开始发展以来，互联网基础技术已经扩大了近千万倍，这种技术增长还会持续 10 年或 20 年，可能会扩大到初始技术的 10 亿倍。我们无法在技术发展史中找到任何技术能扩大到这个规模。

如果一架飞机的技术规模增加了10亿倍，我们在飞机首次发明几年之后就能突破音障了。飞机的速度已经从之前的每小时100英里左右变成每小时600到700英里，速度快了6倍，而不是10亿倍。如果考虑超音速，或许在其他方面达到了10倍左右，但不可能达到千万倍或10亿倍。架构的发展也是如此，如果想管理信息，数据库是无济于事的。因为在100年后，该数据库可能会消失，无法使用。但如果能以某种方式点击标识符，则无论在哪儿都会显示出来，这是很强大的。这被全世界许多地方采用，在2010年世界博览会上，中国政府的代表曾经和我接洽，明确表示美国国家研究创新机构是系统的根本，以确保这些标记是独一无二的，否则他们会采取别的系统。这是一项投入，还有很多其他类似的投入，有一些来自欧洲，还有的来自美国。所以我们最终决定在日内瓦建立一个基金会并制定运行该系统的章程，帮助发展这项技术。这是一项重大成就，基金会名为DONA基金会，是一个非营利性组织，董事会位于日内瓦，我是董事会主席。DONA基金会不受制于任何一个国家，它为公众利益而独立运营。我们有许多来自世界不同地区的代表，包括来自中国的。基金会会继续成长壮大，所以我认为这是一项重大成就。

访谈者：您能具体谈谈 DONA 基金会吗？

鲍勃 · 卡恩：DONA 基金会促进技术的协作、发展、应用，并为数字对象体系架构提供管理、软件开发等服务。DONA 基金会的职责之一就是管理、提供和协调数字对象体系架构的标识符的注册、解析以及相关的安全信息。董事会每年至少需要召开一次会议来处理与董事会相关的业务问题，审计、批准预算之类的事务。与此同时，基金会选择向公众提供服务的方式，通过遍布全球的多个组织来管理 Handle 系统，就像政府机构负责避免飞机发生碰撞事故一样，管理者团队每年聚在一起协调管理，确保一切运作良好，并讨论未来可能的扩展事宜。

访谈者：启动阿帕网的原因与国防有关吗？是为了对抗核攻击吗？

鲍勃 · 卡恩：我只是说我参与的原因，我参与其中是为了整合一些实验研究网络，研究如何让网络更好地发挥作用，可以让计算机连上阿帕网。我看到了这里面巨大的潜力。

保罗 · 巴兰所做的研究是基于核攻击考虑的。多年后，高级研究计划局决定创造一个网络，实质上就是让研究界解决共享计算机资源的问题。这些研究人员都没有投入研究军事方面的问题。但有些人对此感兴趣，这就是保罗·巴兰最开始进行这项研究的原因之一。

我认为国防部有很多人，可能还包括高级研究计划局的部分官员都在观望着事情的进展，如果互联网成功建立，也许在军事危机发生时它可以发挥作用。但几乎没有研究人员是因为这个投入工作的。你如果采访100位以各种方式参与其中的人，可能就会发现来自美国国防部的5个人会说我们认为这个项目很好，因为它可以帮助解决军事问题，另外95人会说阿帕网是一个伟大的科学项目，他们没有参与军事研究，于是你会得到两种答案。但我认为最主要的是，这是一个试图解决科学问题的科学挑战。你如何让计算机一起工作？然后如何让网络协同工作？协议是什么样的？我们当时有99.9%的研究聚焦于此。

访谈者：在您看来，互联网是何时诞生的？

鲍勃·卡恩：1969年是最常见的说法，因为这是阿帕网的第一个节点部署在加州大学洛杉矶分校的时间。但是我认为互联网是关于与其他网络一起工作的网络。就像你问电话网络是什么时候有的，如果只有一部电话，那么很难确切地称之为网络，因为你无法与任何人或任何事物进行对话。阿帕网上的第一台计算机确实是在1969

年年末启用的，在 20 世纪 70 年代早期完成测试，但它仍然是一个单一的网络协议。即使当时已经有了原始演示，可以传输服务，但操作系统没有插入，我们甚至没有在 TCP/IP 产生之前就该存在的原始网络控制协议，直到 1971 年年初，我开始在华盛顿希尔顿酒店组织第一个阿帕网的演示，不得不将这一切都完成。这真是一个巨大的挑战。

在那次演示之后，我和温顿写了第一篇关于 TCP/IP 的文章。1973 年 9 月我在英国苏塞克斯大学的北约研讨会上展示了这篇论文，首次公布了从挪威到英国的网络连接的相关研讨。但当时只是一篇论文而已，随后我们决定把这篇论文发表出去。在 1974 年 5 月 5 日我们发表了这版论文，包括通信协议内容，然后是落实环节。可以说从互联网开始的那篇论文和我写的那篇文章是第一份关于该协议的出版物，我认为最准确的时间应该是 1973 年。虽然论文是 1974 年才发表的，但转换协议应该是在之后发生的，实际上是我管理了这个转换工作。这个转变应该是 1983 年 1 月 1 日完成的，但是，在 1982 年圣诞节的时候，还有人问我是不是真的要这样做。我告诉他们，两年前我们就宣布这个消息了，但他们并不认为这真的会实现，所以他们无法按时准备好。所以实际转换的时间大概是从 1983 年的 1

月到 6 月，这期间两个协议都要以用，无论是使用 TCP 还是 NCP（旧协议）。可以说，真正的互联网运营是从使用 TCP/IP 开始的。

1982 年至 1986 年，温顿担任 MCI 公司数字信息服务部副总裁，他领导开发了 MCI 邮件服务，这是世界上第一种连接到互联网的商用电子邮件服务。1993 年，一位来自弗吉尼亚州的国会议员弗雷德里克·波切提出了一项法案，提案允许评估在特定条件下开放网络供商业使用。所以，也可以是这个时间点，取决于你怎么看。

如果站在未来 350 年回顾历史，历史学家会明确表示互联网是在 1973 年到 1993 年期间普及的，在这 20 年的时间里，参与其中的人都发挥了作用，不断有新人加入进来，我算是加入得比较早的。在后人的眼中，或许觉得这一切看起来都是如期发生的，而且这些人彼此之间肯定都认识，而事实并非如此。

访谈者：关于分组交换技术由谁发明一直存在争议。有三个参与者，包括保罗·巴兰、唐纳德·戴维斯、伦纳德·克兰罗克。您是怎么看的？

鲍勃·卡恩：这取决于对发明的定义，如果单指阐明一个想法，当时他们三个人从三个不同的角度都参与其中。

儒勒·加布里埃尔·凡尔纳[①]在其著作《海底两万里》中谈到过潜艇的概念，但在17世纪中期没有可行的技术，所以他永远不可能得到专利，因为专利审查员想知道的是你的描述是不是能够实现。要获得专利，必须从可行性的角度描述这个概念。

我可以非常清楚地描述一个箱子。假设你进入一个盒子，翻转几个表盘，它会立刻将你送到中国。但这是一个概念，是一个没人知道如何实现的概念。即使你实现了，我也不确定这个箱子是否可信，因为我不知道当你到达时，箱子是不是还能把你拼对。因此，概念上的描述和真正实现之间存在差异。

唐纳德几年后确实在英国国家物理实验室实现了一种节点网络，表明可以在终端使用网络，可以键入一些字符，进入计算机并联系另一个终端。但这种实现还不是一个网络，没有解决大部分必须处理的网络相关的问题。但他确实表明网络可以进行传输服务，把信息放在数据包中，然

① 儒勒·加布里埃尔·凡尔纳（Jules Gabriel Verne），19 世纪法国小说家、剧作家及诗人。代表作有《格兰特船长的儿女》《海底两万里》《神秘岛》《气球上的五星期》《地心游记》等。

后再取出。他从没真正移动过这个数据包，他提出数据包这个术语，所以他更加接近分组交换这个发明。

我认为克兰罗克写了很多关于列队理论的著作，那是他的专长，他做了分析。拉里·罗伯茨经常说伦纳德的分析说服了他们建立网络实际上是行得通的。但伦纳德·克兰罗克并没有真正做出这样的东西。因此,如果是“发明”这个概念，你必须和保罗·巴兰，还有伦纳德·克兰罗克进行沟通，因为他们都在概念上探讨过这个问题。你可能想问，到底谁是第一个，坦率地说，我认为保罗·巴兰更接近现实，因为他在讨论如何利用电子设备来实现分组交换的问题上，也给出了描述，但他仅仅落实到将信息切成小块上。

伦纳德·克兰罗克也不是以实施为目的，但他可能更早就开始谈论这些想法。这完全是关于列队理论而不是我所谓的“发明”，发明的意思是专利局表明可以取得专利的发明，内容描述要足够详细，可供实施。

其实还有一个人讨论过这个问题，他就是约瑟夫·利克莱德，但他显然是在保罗·巴兰和伦纳德·克兰罗克之后。他可能在推动想法方面和其他人同样有效，因为他实际上为高级研究计划局将阿帕网推广到技术社群提供了帮助，并在技术社群里埋下了真正参与的种子。因此，当高级研究计划局真正建立了阿帕网时，约瑟夫 · 利克莱德将原来的社群变成了携手合作的社群。

拉里 · 罗伯茨和其他人后来到了高级研究计划局，拉里被专门雇来帮助其实现阿帕网，那是他的工作。拉里的技术很好，如果他留在林肯实验室的话，我认为他本人也可以做出来类似的东西。但是如果没有像他这样的人出现在高级研究计划局，这个项目可能就不会出现了，因此永远不会有那样的机会。但是这么做也使得他没有直接参与网络的建造。拉里有很多关于如何构建阿帕网的想法，他的想法更具体，他希望网络传输的时间不会超过半秒，甚至是传过去再传回来所用的时间。他甚至还说过，应该有 1000 比特的数据包。我不知道这些想法是不是真正是他提出的，因为他成立了一个咨询委员会来为他提供建议。

大概从 1968 年到 1973 年，拉里确立了网络的技术参数和具体动作要求。虽然有很多想法都取自他人，但最后拍板决定行动的还是他。拉里写了份报价申请，详细描述了如何实施，但他不负责落实细节。如果把它比作美国的太空项目，时任总统约翰 · 肯尼迪曾宣布登月计划，告诉大家我们会把宇航员安全地带回地球，他可能还发布了很多参数，一个全面的想法，包括重量，一个人的重量，加上燃料、火箭，等等。但这并不意味着他已经详细说明了细节，其他人也可以说这么多。最后还是要靠该领域的专家来弄清楚如何制造火箭、推进燃料和控制器。

如何让这个想法真的能够有效实施？肯定不是一个声明，拉里并没有详细描述数据包到如何实现的地步，而这是我们在 BBN 时真正做到的事。我们根据他的描述弄明白如何去构建它。节点是干什么的，它将如何实际起作用的，之后我们真正构建了它。所以，需要真正详细到落实才能获得专利。

然后我会说，我们在 BBN 所做的工作实际上是网络发明的部分。我可以描述它将如何工作，但是如果把这些碎片全部拼凑在一起，那不仅仅是我的成果，也是团队共同努力的结果，但还是得有人来说明硬件应该是这样的，软件应该是这样的。我认为我所写的内容比拉里的更接近它，团队其他人都没有写下来，他们是在不停地给我补充内容，比如说硬件应该是什么样的。我认为是 BBN 的一个团队作为一个整体发明了这个，而我说更接近是因为我把它写了下来。

我不想剥夺拉里的功劳，因为如果没有他做出牺牲，接管这个项目并做出所有高层项目的决策，我们永远不会创造出阿帕网。但另一方面，如果真的从向专利局申请专利的层面上提出详细发明的细节问题，我会说这就是我们 BBN 的成果。但我绝对不是想夺走拉里的任何荣誉，因为我真的相信，如果是其他人在管理这个项目，比如让我去华盛顿管理项目，拉里在林肯实验室，那他也能开发出来。

访谈者：有很多人声称自己创造了互联网。您对此怎么看？

鲍勃·卡恩：其实在某种程度上，很多人参与了阿帕网的建立。所以“互联网之父”这种说法只是一个标签，我永远不会想要这么说，我的立场是大家应该说出自己实际做了什么，而不是贴标签。我可以告诉你我做了什么，拉里可以告诉你他做了什么，以此类推。你可以看到每个人的明确贡献。

让我们来挑几个人说说看吧。当决定为阿帕网提供资金时，高级研究计划局的主负责人查尔斯·赫兹菲尔德不得不批准项目，可以说他确实有功劳，但他的参与本质上只是一句“拿钱去做吧”。

鲍勃·泰勒管理信息处理技术办公室，他非常坚信拉里是在为他工作，所以对于整个项目他也是有一定功劳的。泰勒是心理学家出身，离开高级研究计划局后负责施乐帕克研究中心的计算机科学部。因为他的管理才能，科学家们有了一些重大创新。他在管理实验室的过程中做出了许多具有革命意义的贡献，但为互联网做出主要贡献的是那些为他工作的人，如巴特勒·兰普森[①]。巴特勒·兰普森曾供职于麻省理工学院和微软，我很了解他的职业生涯。但鲍勃·泰勒负责管理他，鲍勃·泰勒对项目的参与来源于此。但如果你问拉里，他会说他从未为鲍勃·泰勒工作过，而是被高级研究计划局主任聘用的，他直接向主任报告工作。两人可能对谁负责什么工作有分歧，意见不合，这是他们要解决的问题。我觉得有些人在某些方面存在很大缺陷。

弗兰克·哈特负责在BBN研制IMP的部分，我在BBN工作期间对他有很深的了解，和他一起工作，弗兰克拥有专业知识，非常擅长凝聚团队共同工作。看看我们建造的阿帕网，你会觉得这是一个核反应堆，会想象这些人都知道如何将管线连接起来并提供电力，并可能会认为这个项目里应该有一个物理学家，但这并不只是把管线连接在一起的事情。弗兰克在其中发挥作用。我负责系统架构，弗兰克负责管理建立阿帕网的小组。他们经常认为我是一个从麻省理工学院来的理论家，实践肯定不行，但我的确成功了，我是整个项

① 巴特勒·兰普森（Butler Lampson），美国计算机科学家，1992年图灵奖得主。曾首次提出个人电脑的设计概念，存取控制矩阵也是由他提出的。

目的关键。弗兰克参与了 BBN 的管理，对该团队进行了足够严格的管理，最终取得了成功。我也在该组扮演了重要角色，以确保最后成功。所以基本上来说，我是在技术层面上发挥作用的，而他是在管理层面上。人们在参与一个重要项目时，总会觉得自己更重要，我也是如此。但是与只参与其中一部分的人不同，我从第一天起就参与了阿帕网项目。

所以如果你去问这个领域的任何人，他们都会觉得自己的贡献很重要。我觉得从他们的角度来看的话肯定都是这样的。从整体的角度来看，只有这些人都参与进来才更好，因为任何一个人都无法独自完成所有这些事。你要知道，历史学家最终会书写这段历史，并得出自己的结论。我的意思是，这些年我看过很多人写的东西，完全是错误的，错得离谱。我不想说出他们的名字，但是他们访谈的对象被认为是专家，这些人说的事情是那样的。但是要我说的话，如果你看一看事实，就会发现事情和他们所写的完全相反。如果那时他们找的是我的话，那我会拒绝他们的采访，因为他们没有告诉大众真实的故事。

所以，事实上是我和很多人一起研究阿帕网，经历了阿帕网的发展，我们从不同的角度见证了互联网的发展，包括协助设定 TCP/IP 标准程序，使高速网络变得家喻户晓。最近几年，在数字对象体系架构的帮助下，互联网不断发展，如今互联网已经能够长期更好地管理信息。

访谈者：您刚才提到了拉里·罗伯茨和鲍勃·泰勒之间的矛盾？

鲍勃·卡恩：近些年他们两个之间确实有些矛盾。我认为鲍勃十分想要拉里参与到阿帕网的项目中，后来拉里加入了泰勒的办公室，拉里也很高兴能与鲍勃共事，但是拉里不想被别人认为自己是在泰勒的手下工作，拉里只想做自己的事。我觉得这只是他当时的一种想法。但是从一个局外人的角度来看，我不认为他们两个之间是对抗性的关系。我认为，之所以事情会变成后来的样子，可能是因为鲍勃·泰勒觉得自己没有得到外界足够的认可，或者说拉里得到了太多。

我觉得他们两个人在发展互联网这件事上没有任何合作。拉里没有参与到阿帕网的实际开发里，在我刚加入这个项目时，他是在管理信息处理技术办公室，1973 年他就离开了，创建了 Telenet，Telenet 是最早的商用网络之一。Telenet 和 Tymnet 是两个最早的商业分组交换网络，这两个网络都可以将终端和计算机相连接。鲍勃·泰勒没有参与阿帕网的实际开发中来，除了施乐帕克研究中心的一些归他管理的研究人员，后来曾经参与协助开发互联网，但是泰勒没有从开始参加进来。在互联网这个想法被提出来很久之前，泰勒就已经离开高级研究计划局了。所以我认为拉里和泰勒都是阿帕网时代的人，我不认为他们之间有什么合作。当然这些项目的顺利进行离不开他们的贡献。拉里做了他应该做的事，鲍勃做了他应该做的事，然后就这样，事情神奇地成功了。

访谈者：那您能评论一下路易斯 · 普赞（Louis Pouzin）所做的贡献吗？因为他被称为“法国互联网之父”。

鲍勃 · 卡恩：好的。这其实还挺有趣的，我第一次与普赞见面的时候，是他在法国国家信息与自动化研究所[①]工作期间，那时我在高级研究计划局工作。普赞跟我描述了他多次回到美国学习有关阿帕网的知识，他的手下有很多很优秀的人才。我认为他那个时候主要是在搭建一个单一的网络，这种单一的网络受到的控制比我们所开发的阿帕网受到的控制更为宽松。他把自己的这个项目叫作

① 法国国家信息与自动化研究所，或称法国国立计算机及自动化研究院，法文为 Institut National de Recherche en Informatique et en Automatique 缩写为 INRIA。于 1967 年在巴黎附近的罗克库尔创立，为法国国家科研机构，直属于法国研究部和法国经济财政工业部，其重点研究领域为计算机科学、控制理论及应用数学。

CYCLADES，他开发出了一套无连接式数据报传输模式。1973 年，普赞在巴黎和法国东南部城市格勒诺布尔公开建立起首个 CYCLADES 网络连接。

他认为，数据报就像明信片一样独立地散落在网络里，可以出现在网络中的任意地方。在 CYCLADES 网络中，每个数据包就像一辆单独的汽车，可以依据目的地独立地进行传输。就像抛接杂耍一样，将数据包还原排序的应该是接收数据的电脑而并非网络，如果某个数据包在传输过程中丢失了，那么接收电脑还可以发出重新传输的指令。而在阿帕网中，成串的数据包都严格按照一定的顺序传输，就像火车的车厢一样。我觉得普赞的观点是，我们当时在开发的东西实际上是互联网的一部分，我们当时开发的网络如果再加上后来的 TCP/IP，实际上就相当于普赞当时在开发的网络。

我们当时的网络开发完全是独立自主的。温顿可能对普赞当时的项目参与更深。温顿当时开发的是 IP。所以每个人对于普赞的贡献可能有不同的看法。因为我当时是在高级研究计划局工作，而温顿是在斯坦福大学工作，温顿和斯坦福大学的很多学生以及其他人员一起研究，包括施乐帕克研究中心的很多人，他们学到了我们的一些想法然后去尝试实现出来。我那个时候与他们的互动真的很少，至少我认为，在我们撰写论文的过程中是这样的。从我的角度来看，论文是我和温顿一起写的，我们没有受到其他人的影响。可能普赞的一些研究影响了温顿，但是当时我并不知情。不过你要知道，普赞的研究值得收获很多的荣誉。

当时他的创新研究是无连接式数据报传输模式，这种网络受到的控制更少，数据的传输也更加自由。这就好像在以太网出现之前的网络，本地网络的数据会被分成不同的时隙，每个数据的传输会被仔细控制，以保证数据组或每位的数据不会和其他位的数据相干扰。但是在以太网里，发送更随意。如果你和其他人发生冲突，重新发送数据就好了，这就是 ALOHA 网络的基础。ALOHA 网络没有中央控制，任何人都可以随意发送数据。如果数据包相冲突了，就检查一下字标，然后再重新发送就可以了。这种理念在某些方面比普赞的理念还要超前。

所以可能有人会说普赞提出的想法是源自 ALOHA 网络，虽然我也不知道是不是，因为普赞直接看到了 ALOHA 网络的发展过程，只不过普赞开发的网络受到的控制不多，ALOHA 网络受到的控制则更少。而我们当时开发的阿帕网则受到较多的控制。但是最终发展起来的互联网受到的控制也相当少。所以普赞可能会看着当今的互联网说：“好吧，这不就是当时我在开发的网络吗？”但他其实并没有参与到构建互联网的任何详细的决策中。

访谈者：您觉得欧洲作为一个整体，在互联网发展过程中起到了什么作用？

鲍勃·卡恩：欧洲有自己独立运行的模型。其实在互联网发展过程中最有影响力的因素是来自邮政、电信和电报领域的公司。每个国家的运营商和政府都有一定的联系，他们一点都不喜欢互联网的发展。当时欧洲有很多独立研发的项目，我甚至叫不全项目的名字，我曾经有一个名单，上面列了20多个项目的名字。

来自欧洲大陆各个国家的人才投身于研发各自不同的网络。当时出现了各种各样的方法和协议，比如说英国剑桥大学研制的剑桥环网所使用的协议。欧洲各国决定只采用两种协议，一种是X.25协议[①]。拉里·罗伯茨参与了这个协

---

① X.25协议，是一个使用电话或者ISDN（综合业务数字网）设备作为网络硬件设备来架构广域网的ITU-T（国际电信联盟电信标准分局）网络协议，是第一个面向连接的网络，也是第一个公共数据网络。在国际上X.25协议的提供者通常称X.25协议为分组交换网，尤其是那些国营的电话公司。它们的复合网络从20世纪80年代到90年代覆盖全球，现仍然应用于交易系统中。

议的开发过程，这个协议是一个虚拟线路协议，可能是国际电报电话咨询委员会开发的。另一种协议是 X.75 协议[①]，它和 X.25 协议很像，但是 X.75 协议只是网络与网络之间的协议，而 X.25 协议则既是网络与网络之间的协议，也是网络和终端设备之间的协议。但是这两个协议很相似，都可以建立虚拟线路。运营商很青睐这两个协议，因为它们和电路交换网络很像。他们规定所有与欧洲商业化运营网络的连接都必须使用 X.25 协议。如果真是这样的话，那就一点也不灵活。你知道，在网络中一切都是互相连接的，就像你在使用以太网的时候，可以将一个数据包放到以太网上，那么与这个以太网相连的每台设备都能够得到这个数据包。我可以进行一对一的传输，也可以进行其他方式的传输，但是欧洲当时的那种做法就阻碍了这种数据传输方式。

那时候，我记得有一个刚在美国起步的公司，叫作思科，当时斯坦福大学计算机系的计算机中心主任莱昂纳德 · 波萨克（Leonard Bosack）和商学院的计算机中心主任桑蒂 · 勒

① X.75 协议，与 X.25 协议兼容，能实现 X.25 协议的全部功能。X.75 协议分组格式是 X.25 协议分组格式的扩充，主要增加了网络控制字段，从而用户可以使用更多的特别业务。

纳（Sandy Lerner）夫妇二人设计了多协议路由器，之后他们离开斯坦福大学创办了思科，思科现在可能已经成为全世界最大的路由器公司。他们开发的这种路由器在一端使用X.1225协议以连接到网络，在另一端则连接到以太网，所以这种路由器唯一能做的就是通过欧洲网络相互连接，但这就好像他们以一种不受限制的方法参与了互联网发展。总部位于瑞士的欧洲核子研究组织[①]的研究人员在开发协议的过程中起到了关键性的作用。荷兰的一些研究人员可能也有参与。最终，他们采用了这种具有限制性的规定，按照规定执行。这样就使得他们能使用TCP/IP的其他部分进行互联网连接。

访谈者：那么亚洲在网络发展过程中又起到了什么样的作用呢？

鲍勃·卡恩：亚洲起到的作用真的很难说。亚洲发展得太快了，从某种意义上说是一种爆炸性的发展，只要看一

---

① 欧洲核子研究组织（European Organisation for Nuclear Research，法语全称为 Conseil Européenn pour la Recherche Nucléaire，缩写为CERN），成立于1954年9月29日，是世界上最大型的粒子物理学实验室，也是万维网的发源地。

下中国如今的网络发展就知道了，真的令人十分惊叹，人们广泛使用和应用网络。我们可以讨论一下这背后的原因。在美国，很少有从政府顶层向下推广技术的情况，一般都是企业决定要做什么。而在中国，整个社会步调一致，如果你要讨论基础设施建设、能源策略这些东西，中国会有更多的管控。但是谈及个人创新，只要符合政府顶层所规定的一些指导方针，可以有很多种自由选择，在底层会有很大的行动自由和选择自由。所以说中国的发展方式真的很令人吃惊。

中国的人口很多，网民数量在全世界也是位居第一。我不知道中国14亿人口中有多少人在使用互联网，但是我敢打赌肯定有很多。中国智能手机消费者的数量肯定也比世界上其他任何地方都要多。这些正在发生的事情令人印象深刻。

但是如果要讨论从最初取得联网的批准到现在一下子取得如此显著的成就，我对于事情发展的每个阶段并不是很熟悉。我第一次感受到中国的变化是在2001年，当时我受邀在珠海的一个大会上进行一个有关通信的主旨演讲，我看到了中国这些突然发生的变化，这对当时的我来说十分新奇。我觉得日本、韩国也和中国一样发生了巨大的变化。之后我对欧洲发生的变化观察得更加仔细。

当然，世界上还有一些地区并没有取得多少进展，比如说非洲，那里网络的发展还很缓慢，线路架构也很少。这让人回想起欧洲国家或那些殖民国家过去的情形，真令人吃惊。

访谈者：您发明阿帕网的动力和激情源自什么呢？

鲍勃·卡恩：对我来说，当时我负责该项目单纯是因为我对技术很感兴趣，创造一些新的网络，尝试理解如何将这些网络连接在一起，这是我的兴趣所在。这种动力不是源自你现在所看到的互联网，因为当时我们根本不知道网络会发展成现在所看到的这种形式。我们刚开始研究的时候根本就没有个人电脑，当时使用的机器是那种大型分时机器，根本无法想象到今天的情形。可能那之后的10年，才出现了IBM的个人电脑。个人电脑出现了以后，我们会有一点感觉。即便是苹果电脑，早期它也只出现在业余爱好者的领域，还不够现实。但是到了20世纪80年代初期，大概就可以想象到了。但那不是我的动力所在，我的动力不是要创造出互联网。我只是凭着一腔激情去探索科学，想着开发出能给人类带来巨大变化的新事物，这个想法就是一直驱动着我和我整个事业的动力。我认为如果有人真要发明出类似互联网这样的东西，那么这个人得有很强的自我价值感，而我当时并没有这么强的自我价值感。

访谈者：请您用几个词描述一下互联网精神？

鲍勃·卡恩：要说互联网的话，互联网本身只是一个名词，并不具有什么精神。我们一开始并没有想开发出脸书或者互联网这些东西，只是想着如何实现将数据从一个地方传输到另一个地方。对于一个通信工程师来说，某种具体的应用并不是他的兴趣所在，那个时候并没有大型的应用。曾经有人问我们为什么创造出了阿帕网，我们当时只是想弄懂如何实现电脑之间的数据传输，以及如何使数据传输更加高效而已。

如今，人们上网是因为他们想使用脸书或者发邮件。电子邮件在早期并不是我们想要开发出的东西，当时已经有可以替代电子邮件的东西。所以为什么要发明一种新的技术去做已经可以实现的事情呢？电传机或者和它类似的东西，像电报，都可以做到它做到的事。对于我们大多数工程师而言，我们所面临的挑战是科学的挑战。

如今大多数人所考虑的是如何和朋友交流，如何追踪时事，获得球赛实时的比分信息，等等。大家想要追踪世界上所发生的事，这是大家使用互联网的原因，但这并不是我们最初开发互联网的原因。我们现在能想象到那些事情吗？我猜，当然可以。让各个国家都加入这股潮流，让大家都买得起电脑，让大家都能负担得起沟通费用……太多的事情需要实现。所以我们假设可能会发生这些，但是互联网的东西实现了，我们就该去实现下一个想法，一直不停地前进，然后我们就发展到现在了。

访谈者：您刚才提到了脸书，您知道脸书和谷歌这些科技巨头在某些领域都实现了垄断，所以，很多问题随之而来。现在好像我们处在互联网精神的对立面？您怎么看？

鲍勃·卡恩：我觉得你可以定义一个完美的世界会是怎样的，但是你会突然发现人们并不是遵照着你脑海中构想的画面行动。社会中会有犯罪，你想要一个没有犯罪的社会吗？如果这样做的代价是丧失自由呢？你可能就不会想要这样一个世界。你只能得到尽可能多的你想得到的东西。当人们看到一种可能时，他们就会去做他们想做的事。我不想把这两个东西拿来做比较。

但是在社会中，有些事情变得超出人们的控制，人们就不得不对此进行思考。我相信在中国也是这样的。我知道在美国就是这样，人们会对此采取策略，有时候会拆分大的企业，或者阻止小企业的合并。人们总是这么做。我不想对这些正在发生的事做过多的评论，我不是一个社会规划者。总有人不喜欢企业的一些行为。这就好像中性调和。我之前拒绝公开谈论这些，因为我认为这更多的是商业计划和政府管控。但是很多人对此抱有极大的兴趣，因为涉及商业利益。

假设你需要做出一个选择，而那时你只有一个选择，没有其他选择，那么你只能接受这个唯一的选择。但是如果你有很多选择，那市场就会帮你做出选择。这才是现在的情形。

访谈者：您、温顿 · 瑟夫、拉里 · 罗伯茨和伦纳德 · 克兰罗克，如果不是你们四位“互联网之父”的贡献，就不会有互联网了，对吧？您同意这种观点吗？

鲍勃 · 卡恩：谁知道未来是什么样的呢？如果这是一件很重要的事，我可以想象，随着计算机越来越有价值，电信公司的人会研究出一些东西来。研究的东西可能根本没有什么用，也可能会有很大用处；有些东西受到的管制可能越来越多，也有可能越来越少。这真的很难说。我们只不过是在别人看到之前已经看到了一些东西，然后研发出了这些东西。但是我们不能阻止人类的进步。如果没有奔驰创始人，我们难道就不会有汽车吗？我敢肯定，即使没有他，过个 10 年、20 年，肯定会有人想：我们为什么不发明汽车呢？我们可以发明出汽车。

我不否认有些人觉得自己所做的贡献很重要，但我认为每个人所做的贡献都很重要。就像文学一样，你读一本书，这本书可能影响了一些人，这些人又影响了另外一些人。你可以说一些人的成就总是建立在前人成就的基础之上，这些人肯定知道前人研究的内容，可能是在社会中受到的影响，可能是读了某本书，可能是和谁交流过。你如果真的觉得自己很重要，那就有必要说出来你到底贡献了什么。

访谈者：您能详细谈谈您和其他几位“互联网之父”之间的故事吗？

鲍勃·卡恩：我很了解他们。我认识大部分有过杰出贡献的人，和他们都有来往，并且和他们大多数人的关系都很好。我不知道这些人所有的故事，但我可以告诉你他们做过什么，其中一些人所起的作用比其他人要大。拉里在高级研究计划局所起的作用极其重要，他让项目有资金支持，并保证开发网络的项目能够正常开展。他对技术应用从来没有多大兴趣，虽然后来有一段时间他经营了一家分组交换技术公司。我不知道网络的应用是一种商机，虽然拉里尝试使用类似于传真系统的网络进行数据包的传输，而不是使用电路。

我和开发应用的那些人接触得不是很多，我觉得这些企业家更没有兴趣和我们这些最初搭建基础设施的人打交道，除了欧文 · 雅各布斯是我朋友，我们俩关系很好，他关注的东西很多，包括一些层次的应用，但是我没有了解很多关于他的故事。温顿 · 瑟夫从很小的时候开始听力就有点问题，这是影响他职业生涯的一些因素。在我看来，他只有当掌控局面时才看起来比较泰然。当他知道发生了什么，投入全身心做事时，他就能做得很好，能够掌控局面和对话。

访谈者：您会如何描述你们四个人之间的关系？

鲍勃 · 卡恩：20 世纪 70 年代我和拉里的关系很好，因为我曾在拉里的手下工作过一段时间，然后我去了高级研究计划局工作，负责网络开发的项目，但不是开发阿帕网。我不想继续参与到阿帕网的开发中，虽然在 BBN 公司我是阿帕网项目的主要负责人。那时候，我和拉里的关系非常好，我们对彼此的评价都很高。但是在他 1973 年离开高级研究计划局之后，我和他就很少接触了。他在运营 Telenet 公司时，我见过他几次，运营 DHL 的时候没怎么见过了。后来我搬去加利福尼亚州住，每隔几年会跟他见面一次。

拉里和伦纳德 · 克兰罗克的关系一直特别紧密。当伦纳德开始在加州大学洛杉矶分校任教时，我就认识他了，那会儿是 1965 年左右。我一直认为他是通信领域的一个重要人物。我曾在麻省理工学院教过有关通信的课程。他的研究兴趣是通信的一个分领域，研究的是列队理论，而我对这个领域没有深入的研究，不过在贝尔实验室工作时也教过有关列队理论的课程，因此对这一学科的理论有所了解。多年来，我们关系密切，没有什么特别之处，偶尔会在一些地方碰上面。

我和伦纳德都毕业于纽约城市学院。但实际上他比我高几年级，所以我们在纽约城市学院并没有多少交集，在麻省理工学院也没有多少交集。在我去麻省理工学院执教之前，伦纳德就去了加州大学洛杉矶分校执教。我们一起合作过测试项目。我觉得伦纳德作为教授和学者，职业生涯十分出色。他说过，他的博士生比美国其他任何地方的老师都要多，他的学生都很自信。直至今日，伦纳德依然十分活跃。温顿的故事就完全不同了，我和他合作十分紧密，他在我的美国国家研究创新机构工作了 8 年。他在高级研计划局工作的大多时候，我都是信息处理技术办公室主任，但是我一直把他看成我的同事，而不是下属。我不是给他下命令，告诉他要做什么。他会跟我说我们需要做什么事情，所以我们合作紧密，我和他的合作关系是我在科技研究领域所有的合作关系中最紧密的合作关系。

我和我的妻子也有很紧密的合作关系。我的妻子是个律师，但在业余时间，她是半个科学家，而她认为我在业余时间是半个律师。我和她之间的合作是十分特别的合作，这种合作关系一直持续到今天。如果有一个我们俩都感兴趣的项目，我们都会毫不犹豫地开展这个项目。如果有一件事是她擅长的，我会更倾向于把这件事交给她做。因为就算这件事我也十分擅长，把这件事交给她做会更顺利或更让人放心。

访谈者： 好的，谢谢您抽出宝贵的时间，我们可以合影留念吗?

鲍勃・卡恩： 好的。

鲍勃·卡恩访谈手记

方兴东

“互联网口述历史”项目发起人

2017年8月，我们进行了一轮访谈，最大的收获无疑是四位核心“互联网之父”中成功访谈了三位。对第四位，也就是鲍勃·卡恩的访谈，因为时间安排的调整，不得不推迟到8月底。

我找毛伟推荐熟悉鲍勃·卡恩的人选，毛伟给了我孙洵的微信。孙洵在美国30多年，跟着鲍勃·卡恩就有20多年了，日常工作直接向卡恩汇报。我们抵达华盛顿的时候，刚好卡恩去欧洲开会了。在访谈完温顿·瑟夫之后，我们先约孙洵吃饭，他居然带我们去了一家川菜馆，让我们吃到了去美国之后最好的一顿中餐。

饭后，我们就去卡恩创办的美国国家研究创新机构的办公室。我们暂时没有访谈到卡恩，但先探访了他的办公室，也算是提前踩点吧。后面由于时间问题，对卡恩的访谈只能由钟布再专程来一趟，我等不到月底，需要回国，不能参加对他的访谈，留下了一个很大的遗憾。不过，孙洵说，年底卡恩会来中国开会，到时候，我们在钟布访谈的基础之上，可以再补一个简短的访谈。

四位核心的“互联网之父”，身体都不错，其中年龄最大的伦纳德 · 克兰罗克，身体算是相当之好，甚至可以算极好的之一。想来，来日方长，我们可以不断地挖掘下去。

钟布对卡恩的访谈需要一位帮手，我专门发了朋友圈，征集志愿者：“有哪位好友 8 月 24 日至 25 日刚好在华盛顿的，‘互联网之父’的口述历史访谈，需要一个助手协助拍摄，有经验最佳，无经验也可以赶鸭子上架，刚好有时间和兴趣的请联系我。”

最终还是钟布自己解决了助手的问题，访谈时他们聊得火热，第一天居然意犹未尽，第二天接着访谈。两次共 8 个小时，淋漓畅快，内容丰富全面。

一年之后的 2018 年 7 月，我们跟卡恩约好了进行第二次访谈。这一次访谈主要目的是：（1）进一步补充重大事件的细节；（2）从他的角度进一步澄清互联网起源的一些传闻和争论；（3）请他系统讲讲与其他重要互联网先驱的交往、贡献和评价;（4）听他进一步总结互联网50年的经验教训，展望未来趋势;（5）希望访谈孙洵等他身边熟悉的人，进一步丰富关于卡恩的工作和生活等方面的内容。如果要找到一根最合适的线串联起全球互联网50年历史全程，它非鲍勃·卡恩莫属。这一次，我们依然有很多问题需要深入。我们很想完成一本精彩的鲍勃·卡恩个人传记，但还有太多的工作要做。

因为鲍勃·卡恩刚从欧洲回来，是临时给我们安排的时间，我们非常感动。在四位核心“互联网之父”中，鲍勃·卡恩是其中最关键的主线，只有他的工作真正全程贯穿了互联网的缘起、诞生、成长和发展整个过程。从1967年机缘巧合参与BBN竞争美国高级研究计划局联网的关键设备IMP的标书开始，1972年正式加入美国高级研究计划局的信息处理技术办公室，到和温顿·瑟夫联手发明TCP/IP并积极推动其标准化和国际化，直接推动美国信息高速公路（NII）倡议，再到1986年成立非营利性机构美国国家研究创新机构，鲍勃·卡恩一直在为互联网而奋斗。

卡恩刚出差回来，第二天又要出差，需要早点回家收拾行李。所以，我们原本约的下午3点至5点的访谈，提前到下午1点开始了。我们从孙洵那里知道，卡恩很喜欢吃中餐，本来孙洵邀请他一起吃中餐，但因为他手头有些事情需要处理，就留着以后的机会了。

虽然我们对鲍勃 · 卡恩访谈了多次，但依然有很多内容需要挖掘。首先，我们希望他谈谈刚刚去世的互联网先驱，其中一位就是 2018 年离开的“互联网之父”拉里 · 罗伯茨，还有 2019 年 8 月 31 日我参加其纪念活动的丹尼 · 科恩（Danny Cohen），然后就是他当年在 BBN 的同事弗兰特 · 哈特。

聊完这三位，我们开始转到聊郭法琨。郭法琨和诺曼 · 艾布拉姆森在夏威夷大学开发的无线互联网 ALOHAnet，无疑是促成鲍勃 · 卡恩对不同网络之间互联的革命性协议 TCP 展开研究的重要因素之一。1976 年郭法琨调入美国国防部，推动军方网络部署，与当年还是单身的鲍勃 · 卡恩“同居”了将近半年。两人天天在一起，自然故事不少。尤其是郭法琨那时候天天做中餐，培养了卡恩喜欢吃中餐、吃米饭的习惯。后来，郭法琨和妻子从夏威夷搬到了华盛顿，鲍勃 · 卡恩不得不自己动手学做米饭和中餐。我们跟鲍勃 · 卡恩还谈到了我们刚刚在硅谷访谈过的戈登 · 贝尔（Gorden Bell），戈登 · 贝尔推动了 NSF 在网络方面的工作，也与鲍勃 · 卡恩有了联手的机会。让这些互联网先驱彼此回忆和评说，也是一个很有价值的角度。毕竟，他们彼此深入了解，呈现也更立体，能够进一步丰富我们访谈的内容。

四位“互联网之父”中，目前只有鲍勃·卡恩与中国有着新的合作，核心是推动他的数字对象体系架构。数字对象体系架构及其核心 Handle 系统是下一代互联网络关键基础技术体系，具备为各类物理实体与数字对象提供全球唯一标识、信息解析、信息管理与安全控制等服务的能力，是数据资源管理体系的关键基础设施，可有效支撑工业互联网、物联网、大数据、智慧城市等领域创新融合发展。

作为“互联网之父”之一，卡恩今天依然野心勃勃，希望能再造互联网，这种劲头值得我们学习。而且，这一次的开花结果很可能是在中国，而不是美国。

生平大事记

1938 年 12 月 23 日

出生于美国布鲁克林。

1960 年　22 岁

在纽约城市学院获得电气工程专业学士学位。

1962 年　24 岁

在普林斯顿大学获得硕士学位。其间在贝尔实验室工作过一段时间。

1964 年　26 岁

在普林斯顿大学获得博士学位。1964 年 9 月，毕业后在美国麻省理工学院做助教。

1966 年 9 月　28 岁

在 BBN 公司任职。

1969 年　31 岁

参加阿帕网 IMP 项目，负责最重要的系统设计。IMP 就是今天网络最关键的设备——路由器的前身。

1970 年　32 岁

设计出第一个网络控制协议，即网络通信最初的标准。

1972 年 10 月　34 岁

加入美国国防部高级研究计划局。

20 世纪 80 年代中期，他还参与美国国家信息基础设施的设计，该项目后来被称为“信息高速公路”。

1986 年　48 岁

创立美国国家研究创新机构并任主席。该机构是为美国信息基础设施研究和发展提供指导和资金支持的非营利性组织，同时执行国际互联网工程任务组的秘书处职能。

1997 年　59 岁

美国总统克林顿授予其国家最高科技奖项美国国家技术奖。

2001 年　63 岁

获得美国工程院德雷珀奖，被称为“互联网之父”。

2004 年　66 岁

因对互联网领域先驱性的贡献，包括设计 TCP/IP 和在网络领域权威性的领导地位，获得计算机领域的“诺贝尔奖”——图灵奖。

2014 年　76 岁

创办 DONA 基金会并任主席，致力于推动数字对象体系架构的应用，并负责全球 Handle 系统的运营与管理。

“互联网口述历史”项目致谢名单

（按音序排列）

Alan Kay

Bernard TAN Tiong Gie

Bill Dutton

Bob Kahn

Brewster Kahle

Bruce McConnell

Charley Kline

cheng che-hoo

Cheryl Langdon-Orr

Chon Kilnam

Dae Young Kim

Dave Walden

David Conrad

David J. Farber

Demi Getschko

Elizabeth J. Feinler

Eric Raymond

Esther Dyson

Farouk Kamoun

Franklin Kuo

Gerard Le Lann

Gordon Bell

Håkon Wium Lie

Hanane Boujemi

Henning Schulzrinne

Hock Koon Lim

James Lewis

James Seng

Jean Francois Groff

Jeff Moss

John Hennessy
John Klensin
John Markoff
Jovan Kurbalija
Jun Murai
Karen Banks
Kazunori Konishi
Koichi Suzuki
Larry Roberts
Lawrence Wong
Leonard Kleinrock
Lixia Zhang
Louis Pouzin
Luigi Gambardella
Lynn St. Amour
Mahabir Pun
Manuel Castells
Marc Weber
Mary Uduma
Maureen Hilyard
Meilin Fung
Michael S. Malone
Mike Jensen
Milton L. Mueller
Mitch Kapor
Nadira Alaraj
Norman Abramson
Paul Wilson
Peter Major
Pierre Dandjinou
Pindar Wong
Richard Stallman
Sam Sun
Severo Ornstein
Shigeki Goto
Stephen Wolff
Steve Crocker
Steven Levy
Tan Tin Wee
Ti-Chaung Chiang
Tim o'Reily
Vint Cerf

Werner Zorn
William J. Drake
Wolfgang Kleinwachter
Yngvar Lundh
Yukie Shibuya
安 捷
包云岗
曹 宇
陈天桥
陈逸峰
陈永年
程晓霞
程 琰
杜康乐
杜 磊
宫 力
韩 博
洪 伟
胡启恒
黄澄清
蒋 涛
焦 钰
金文恺
李开复
李 宁
李晓晖
李 星
李欲晓
梁 宁
刘九如
刘 伟
刘韵洁
刘志江
陆首群
毛 伟
孟 岩
倪光南
钱华林
孙 雪
田溯宁
王缉志
王志东
魏 晨
吴建平
吴 韧
徐玉蓉
许榕生
袁 欢
张爱琴
张朝阳
张 建
张树新
赵 婕
赵 耀
赵志云

致读者

在“互联网口述历史”项目书系的翻译、整理和出版过程中，我们遇到的最大困难在于，由于接受访谈的互联网前辈专家往往年龄较大，都在80岁左右，他们在追忆早年往事时，难免会出现记忆模糊，或者口音重、停顿和含糊不清等问题，甚至出现记忆错误的情况，而且他们有着各不相同的语言、专业、学术背景，对同一事件的讲述会有很大的差异，等等，这些都给我们的转录、翻译和整理工作增加了很大的困难。

为了客观反映当时的历史原貌，我们反复听录音，辨口音，尽力考证还原事件原委，查找当年历史资料，并向互联网历史专家求证核对，解决了很多问题。但不得不承认，书中肯定也还有不少差错存在，恳切地希望专家和各界读者不吝指正，以便我们在修订再版时改正错误，进一步提高书稿内容质量。

联系邮箱：help@blogchina.com